SABA's KITCHEN
萨巴厨房
TM

多吃蔬菜
身体好

萨巴蒂娜◎主编

U0291255

中国轻工业出版社

让我们多吃蔬菜

感谢上苍赐给我们这么多好吃的蔬菜。

特别喜欢吃妈妈做的凉拌菠菜。菠菜用开水烫熟，捞出放凉切碎，然后放一些蒜泥、香醋、香油、少许盐，搅拌均匀就开吃。我都是用盆吃的，妈妈说，多吃菠菜身体好。

我在上海住的时候爱上了鸡毛菜，鸡毛菜蛋花汤、鸡毛菜炒肉丝、鸡毛菜炒鸡蛋，还有涮火锅，都是两盘起，满口清香，无比美妙。鸡毛菜很容易种，也长得快，买点种子和家里，平时下个面条，加个小菜还是没问题的。必须得说，不只是鸡毛菜，上海的青菜都是很好的，种类丰富，味道又好得很，特别适合爱吃蔬菜的人。

百菜还是白菜香，大白菜是秋冬的恩物。我爱吃大白菜，所以爸爸每年冬天都会给我买几十棵囤积在墙角里，让我一棵一棵取了吃。白菜清炒就很好了，只需放辣子、盐和一点油，要大火快炒，一气呵成，看着简单，其实相当考验手艺。

最喜欢用大白菜包饺子和包子了。剁白菜是我最喜欢听的声音，仅次于数钱！白菜饺子要包得胖胖的，刚出锅，蘸点醋就很好吃。一顿吃不完，把剩饺子放在厨房里，饿了就用手抓着吃一个，一会儿再吃一个。只有大白菜饺子是凉了也好吃的。倘若次日还能剩下，那就做成煎饺，全家都抢。

莴笋，细细切成丝，拍点大蒜，一顿乱炒也好吃，记着千万不要火候大了，大了就一点也不好吃了。莴笋和苦瓜，对降血糖有帮助，又含不少膳食纤维，要成为常备蔬菜哦。

我还会自己烤法棍，然后对半切开，放大量的洋葱、青椒、番茄片、生菜、酸黄瓜、橄榄，再来一片奶酪，浇上千岛酱就开吃。吃半条就很饱了，再泡一壶热茶，美滋滋的！

这几天，我特别喜欢用番茄炒烂了再加水、白萝卜，熬一锅番茄萝卜汤当水喝，有点酸，有点甜，喝完浑身舒坦啊。

唔，我们都爱吃蔬菜，因为吃菜让我们愉快。

萨巴蒂娜
个人公众订阅号

萨巴小传：本名高欣茹。萨巴蒂娜是当时出道写美食书时用的笔名。曾主编过五十多本畅销美食图书，出版过小说《厨子的故事》，美食散文集《美味关系》。现任"萨巴厨房"主编。

 敬请关注萨巴新浪微博 www.weibo.com/sabadina

目 录
CONTENTS

计量单位对照表
1茶匙固体材料=5克
1汤匙固体材料=15克
1茶匙液体材料=5毫升
1汤匙液体材料=15毫升

1 CHAPTER
鲜活·绿色

CHAPTER 2

鲜艳·红色

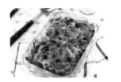

红甜菜根饭团

079

红甜菜根藜麦饭

080

自制胡萝卜干

082

胡萝卜奶昔

084

胡萝卜金枪鱼沙拉

085

胡萝卜口袋饼

086

黄豆芽焖面

088

黄豆芽猪排汤

090

杏鲍菇炒玉米粒

092

玉米胡萝卜猪蹄汤

094

玉米培根比萨

096

玉米南瓜土豆泥

098

奶香蜂蜜玉米汁

099

玉米松饼

100

南瓜燕麦粥

101

素炒南瓜

102

南瓜鸡腿焖饭

104

南瓜八宝饭

106

奶香南瓜派

108

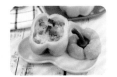

黄椒焗饭

110

韭黄带鱼羹

112

韭黄虾仁滑蛋盖面

114

韭黄虾仁馄饨

116

萝卜糕
156

白萝卜炖蜂蜜
158

杂蔬土豆泥
159

老干妈土豆片
160

葱香小土豆
162

酸辣藕带
164

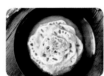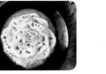
桂花香橙蜜藕
165

梨藕蜂蜜汁
166

海米炒冬瓜
167

鲜贝冬瓜球
168

酿冬瓜茶
170

金沙茭白
171

白菜烧卖
172

冬日腌白菜
174

鸡蛋红枣山药糕
176

山药养生粥
177

五色山药
178

山药花生莲藕露
180

低热量拌双花
181

腐乳菜花
182

杏仁菜花碎比萨
184

竹笋小炒
186

竹荪莲子甜汤
187

竹荪冬笋汤
188

初步了解全书

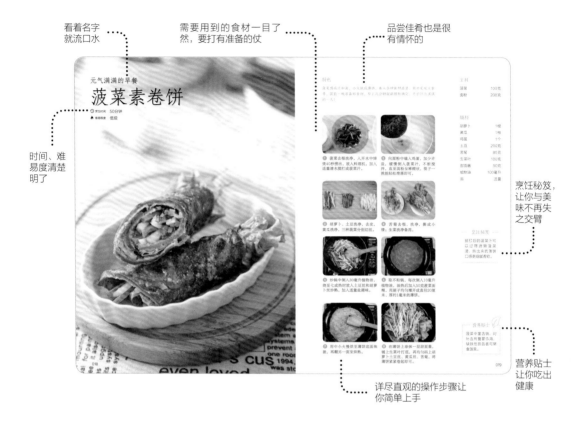

看着名字
就流口水

需要用到的食材一目了
然，要打有准备的仗

品尝佳肴也是很
有情怀的

时间、难
易度清楚
明了

烹饪秘笈，
让你与美
味不再失
之交臂

详尽直观的操作步骤让
你简单上手

营养贴士
让你吃出
健康

- 本书根据蔬菜的颜色划分章节，包括鲜活绿色、鲜艳红色、清新橙黄色、浓郁黑紫色、质洁白色五个章节。不同颜色的蔬菜，其特色及营养价值不同，经常摄入不同颜色的蔬菜，才能够保障身体的营养均衡。

- 多吃蔬菜，帮助身体更好地吸收营养，排除毒素，享受健康。只要简单巧妙的几步，蔬菜也可以很美味。快从这本书里找找美味和健康的灵感吧！

五色蔬菜营养及特色

绿色蔬菜 →

给人明媚鲜嫩的感觉，是蔬菜界的当家花旦。含叶绿素、B族维生素、维生素C、叶酸、胡萝卜素、膳食纤维素以及多种矿物质，提供人体活动的重要物质，维持人体的酸碱平衡，阻止糖类变成脂肪，可以说，绿色蔬菜能辅助人体建立天然的保障系统。

← 黄色蔬菜

清香脆嫩，爽口微甜，含有胡萝卜素、维生素C、维生素E等营养成分，常吃能淡化皮肤色斑，延缓衰老，保护视力，并调节肠胃的消化功能，起到不错的减肥效果。此外，黄色蔬菜还能补充元气，恢复精力。

红色蔬菜 →

其色彩具有强大的视觉冲击力，能提高食欲和刺激神经系统的活跃。含番茄红素、辣椒红素和其他红素，这些是天然的抗氧化物质，能增强人体免疫细胞的活力，从而提高免疫力。常食红色蔬菜可令面色红润有光泽。

← 黑紫色蔬菜

它带给众人深沉高贵、质朴强壮的感觉。黑紫色蔬菜中的花青素含量最突出，它是柔韧顽强的生命力之色，具有强有力的抗氧化作用，可清除体内自由基，调节视觉、神经系统的功能。花青素对酸碱环境敏感，随着周围环境酸碱度的不同，而呈现出各异的颜色，看起来非常有食欲。

白色蔬菜 →

多以质洁鲜嫩的形象呈现，在蔬菜中颜色相对较浅，其成分大多以水分、糖类为主，含膳食纤维及一些抗氧化物质，常吃可增强身体免疫力，安定情绪，美肤润肺。特别是冬季，可适量多食白色蔬菜。

如何科学健康地食用蔬菜

根据《中国居民膳食指南》建议，成人每天蔬菜摄入量在300~500克，其中深色蔬菜应占摄入蔬菜总量的1/2，深色蔬菜指绿色、红色、橙黄色、黑紫色蔬菜。蔬菜富含维生素、矿物质、膳食纤维，且热量低，还能满足人体对矿物质元素的需要，对维持人体肠道正常功能及降低慢性疾病发生的风险具有重要作用。

吃蔬菜应遵循"彩虹效应"原则，每天吃的蔬菜颜色如同彩虹一样多，这样营养才能均衡。而且颜色越深，营养价值越高。下面，就教你如何科学健康地摄入蔬菜。

1. 先洗菜后切菜

蔬菜提前切好浸泡在清水中，会增加蔬菜细胞与水的接触面积，导致大量营养素流失于水中。所以，要想全面摄入蔬菜的营养成分，要先洗菜后切菜。

浸泡菜

洗菜

切菜

2. 健康烹饪

蔬菜中的营养元素经过高温旺火容易流失，科学的烹饪方式是水煮蔬菜，可以更完整地保存蔬菜中的营养。能煮菜时尽量少用煎、炸，如果想通过烹饪方式来改换口味，也需要合理掌握火候。

3. 做好的蔬菜及时吃

炒好的蔬菜放15分钟，维生素减少20%，放30分钟损失30%，放1小时降低50%，烹饪完的蔬菜在空气中暴露越久，营养流失越多，而隔顿隔天的菜则容易变质。所以，蔬菜现做现吃，干净卫生有营养。

4. 要选择恰当的蔬菜品种生吃

蔬菜生吃能保存较全面的营养元素，但有些蔬菜必须经过加热烧煮才能破坏其本有的毒素，比如土豆、扁豆、豆芽等。可生吃的蔬菜有番茄、黄瓜、生菜等，可以凉拌做沙拉，食用前尽量在清水中浸泡一段时间，去除农药残留再生食。

5. 蔬菜要"全食"

蔬菜除了不能吃的部位，其他都尽量食用，比如要连老叶一起吃，蔬菜的叶子比菜心的营养成分高，不能只吃嫩菜心而扔掉老叶，蔬菜中越粗糙的茎枝叶，营养价值越高。

6. 科学储存蔬菜

虽将大量蔬菜囤积在冰箱中，省时又方便，但蔬菜每多放一天就会损失大量的营养素，再加上高温烹饪，营养价值几乎为零。现买现吃才是科学的方法。若确实需要储存蔬菜，应该选择干燥、通风、避光的地方。

7. 摄入多种蔬菜

要经常调换蔬菜的品种，一周内要尽可能多吃几种蔬菜，不能对蔬菜有偏爱，这样才能保证全面摄入营养。

常见的几种减肥蔬菜

← 冬瓜

营养价值高，低脂肪低热量，含有丙醇二酸，能够抑制糖类转化成脂肪，在减肥的同时还能美容。

番茄 →

糖分少、热量低，含有丰富的膳食纤维，吃后有饱足感，还能吸附肠道中多余的脂肪一起排出体外。

← 韭菜

热量低，膳食纤维丰富，能促进肠胃蠕动，预防便秘，减少肠道对脂肪的吸收。但多食韭菜会上火，要注意适量食用。

苦瓜 →

苦瓜中的苦瓜素能抑制人体对脂肪的吸收，是减肥食物的极佳选择之一。

← 圆白菜

含有非水溶性膳食纤维，可延长饱腹感的时间，防止过量饮食，是既瘦身又美容的好食材。

白萝卜 →

属于根茎类蔬菜中热量比较低的，所含的芥子油能促进脂肪的消耗与利用，避免脂肪在体内堆积。

← 生菜

生菜中所含的甘露醇能促进人体血液循环，其膳食纤维能促进肠胃消化，既有助于瘦身又补充营养。

洋葱 →

洋葱中的含硫化合物能促进新陈代谢，加速脂肪的燃烧，具有降血脂、减肥的效果。

← 白菜

热量低，所含膳食纤维能增强肠胃蠕动，帮助排除多余的胆固醇，中老年人和肥胖者多吃白菜有助于减肥。

芹菜 →

含多种矿物质和膳食纤维，在咀嚼芹菜时，消耗的热量远大于芹菜给予的能量，这是一种理想的绿色减肥食物。

← 菠菜

营养价值很高又便于消化吸收，食后能维持体力，使身体在长时间内感觉不到饥饿，从而起到减肥的作用。

竹笋 →

主要成分是膳食纤维，脂肪极少，能吸附和消耗身体过多的脂肪，降低肠胃对脂肪的吸收，肥胖者可以多食竹笋。

← 南瓜

含丰富膳食纤维，可以作为主食来减肥，增强饱腹感，减少食欲，比米饭热量低，多吃不用担心发胖。

丝瓜 →

热量低，其黏液有助于身体排出脂肪，还有利尿功效，排除体内多余水分，减轻体重。

← 香菇

富含膳食纤维以及水溶性物质，能加速胃肠道中的脂肪溶解，对减肥有很好的辅助作用，而且营养丰富。

海带 →

被誉为肠道"清道夫"，热量低，含有丰富的膳食纤维，能清除肠道中的废物和毒素，有降脂的功效，常食海带不仅能补充多种营养物质，还能减肥瘦身。

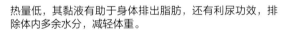

鲜活·绿色

绿色蔬菜

清新明媚　活力动感　舒适清心

难以忘怀的家常味道

四季豆榄菜拌面

🕐 烹饪时间　**30分钟**

🔥 难易程度　**低级**

特色

快手拌面是我不能忘怀的家常味道，无须过油，调点料汁，加点榄菜，10分钟就能做出开胃下饭的一碗面，清淡喷香！

主料

四季豆100克｜鲜面条150克

辅料

罐头装榄菜4茶匙｜香葱1根｜生抽40毫升｜香油1茶匙｜蚝油2茶匙｜白糖1/2茶匙

做法

❶ 四季豆择好后洗净，浸泡在清水中20分钟。

❷ 香葱去根洗净，切碎。

❸ 将生抽、香油、蚝油、白糖、少许纯净水混合调成料汁。

— 烹饪秘笈 —

罐头装的榄菜和料汁都是咸口的，因此处理四季豆时无须再加盐。

可根据自己的口感喜好调整煮面条的时间。

❹ 烧一锅开水，放入四季豆煮8分钟至熟透，捞出后切成3厘米的段。

❺ 开水中下入鲜面条煮熟，捞出后过温开水，盛出。

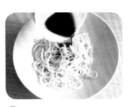

❻ 向面条中倒入料汁，放入榄菜和四季豆段，撒入香葱碎，搅拌均匀就可以吃了。

营养贴士

四季豆富含膳食纤维和多种氨基酸，夏天食用有助于清热消暑、清口开胃。

特色

既可以当早餐，又是健身减脂餐，还可以做宝宝辅食，菠菜土豆再加洋葱牛奶，选材经济实惠，制作简单方便，营养丰富，一举多得！

主料

菠菜叶80克

辅料

土豆50克 | 牛奶200毫升 | 洋葱100克 | 橄榄油20毫升 | 黑胡椒粉1克 | 蒜2瓣 | 盐、面包丁各适量

浓润香滑

菠菜土豆浓汤

🕐 烹饪时间　30分钟

🔥 难易程度　低级

做法

烹饪秘笈

可以提前煮熟土豆，省去过油炒熟的步骤，以便节省时间。

❶ 土豆洗净、去皮、切丁；洋葱去皮、切碎；蒜去皮、切片。

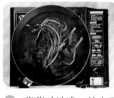

❷ 菠菜叶洗净，放入开水中焯烫40秒，捞出备用。

❸ 炒锅中倒入橄榄油烧至五成热时，加入蒜片炒香，再放入土豆丁和洋葱碎炒熟。

营养贴士

土豆的营养价值高，易吸收好消化。菠菜富含维生素、矿物质、叶绿素等有益成分，为人体提供多种营养物质。

❹ 把焯过的菠菜叶、炒熟的土豆丁、洋葱碎一起放入料理机中，加入少量清水，高速打成菠菜浓汁。

❺ 将菠菜浓汁倒入另一煮锅中，随后加入牛奶开中小火熬煮，待开锅浓稠时关火。

❻ 向浓汤中撒入黑胡椒粉和适量的盐，搅拌均匀，点缀面包丁即可。

CHAPTER 1 鲜活 绿色

元气满满的早餐

菠菜素卷饼

🕐 烹饪时间　50分钟

🔥 难易程度　低级

特色

菠菜捣成汁和面，小火烘成薄饼，卷入各种新鲜蔬菜，简单美味又营养，提前一晚准备好食材，早上几分钟就能轻松搞定，开启活力满满的一天！

做法

① 菠菜去根洗净，入开水中焯烫40秒捞出，放入料理机，加入适量清水搅打成菠菜汁。

② 向面粉中磕入鸡蛋，加少许盐，缓慢倒入菠菜汁，不断搅拌，直至面粉呈稀糊状，筷子一挑能轻松滑落即可。

③ 胡萝卜、土豆洗净，去皮，黄瓜洗净，三种蔬菜分别切丝。

④ 苦菊去根、洗净，撕成小缕；生菜洗净备用。

⑤ 炒锅中倒入30毫升植物油，烧至七成热时放入土豆丝和胡萝卜丝炒熟，加入适量盐调味。

⑥ 取不粘锅，每次倒入10毫升植物油，油热后加入50克菠菜面糊，用刷子均匀摊开成直径20厘米、厚约1毫米的薄饼。

⑦ 用中小火慢烘至薄饼底面焦脆，再翻另一面至烘熟。

⑧ 在薄饼上涂抹一层甜面酱，铺上生菜叶打底，再均匀码上胡萝卜土豆丝、黄瓜丝、苦菊，将薄饼紧紧卷起即可。

主料	
菠菜	100克
面粉	200克

辅料	
胡萝卜	1根
黄瓜	1根
鸡蛋	1个
土豆	200克
苦菊	80克
生菜叶	100克
甜面酱	50克
植物油	100毫升
盐	适量

—— 烹饪秘笈 ——

搅打后的菠菜汁可以过筛滤除菠菜渣，烘出来的薄饼口感更细腻香软。

CHAPTER 1 鲜活·绿色

—— 营养贴士 ——

菠菜中富含铁，对补血有重要作用，缺铁性贫血者可常食菠菜。

清新低脂

菠菜虾仁意面

🕐 烹饪时间　30分钟

🔥 难易程度　低级

特色

意面的烹饪方式多种多样，就属这道低脂菠菜意面最深入人心，相比精细的米面，意面更能减少脂肪的囤积，加几个虾仁，肉食爱好者也不会觉得味道寡淡。

做法

❶ 鲜虾洗净，剥去虾皮，去沙线，虾仁加入生抽、料酒、胡椒粉腌制30分钟。

❷ 菠菜叶洗净，放入开水中焯烫片刻捞出，放入料理机中，倒入牛奶，稍微搅打成碎。

❸ 烧一锅开水，下入意大利面煮熟捞出，泡在温水中；蒜去皮切片备用。

❹ 炒锅中放入橄榄油烧至五成热时，放入蒜片爆香，加入腌好的虾仁翻炒至变色，再倒入菠菜碎汁翻炒2分钟。

❺ 将意大利面捞出，放入炒锅中，再加入适量盐和黑胡椒碎调味，并搅拌均匀。

❻ 搅拌好的意面盛出，均匀地撒入欧芹碎即可。

主料

菠菜叶	80克
鲜虾	10只
意大利面	200克

辅料

蒜	3瓣
橄榄油	25毫升
牛奶	150毫升
胡椒粉	2克
黑胡椒碎	1克
欧芹碎	1克
生抽	2汤匙
料酒	2汤匙
盐	适量

--- 烹饪秘笈 ---

意大利面要煮至中间无硬心时口感最好。

菠菜不要搅打得太碎，影响美观。

--- 营养贴士 ---

用于制作意大利面的杜兰小麦，蛋白质含量高，其碳水化合物在肠胃中分解缓慢，在为身体提供充足能量的同时，还能抑制血糖迅速升高。

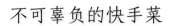不可辜负的快手菜

虾酱空心菜

🕐 烹饪时间　10分钟

🔥 难易程度　低级

特色

这道菜的神奇之处在于快，节省时间又超级下饭，放在炒锅中随意翻腾几下就可以出锅，配上一碗白米饭，超爱！

做法

❶ 空心菜择洗净，沥干水分，将菜秆与菜叶切开，再将秆与叶分别切成长约4厘米的段。

❷ 红尖辣椒洗净，切成圈；姜切末；蒜去皮，压成蓉。

❸ 蚝油与虾酱混合在一起，搅拌均匀。

❹ 将淀粉、生抽、香油混合，加入少量清水调成勾芡汁。

❺ 炒锅中倒入植物油，烧至七成热时放入姜末、蒜蓉、红尖辣椒圈爆香，再下入蚝油虾酱炒香。

❻ 随后放入菜秆大火翻炒1分钟，再放入菜叶大火快炒1分钟，接着倒入勾芡汁勾芡，关火即可。

主料

空心菜	300克

辅料

虾酱	3汤匙
蚝油	2茶匙
淀粉	1/2茶匙
生抽	2汤匙
香油	1茶匙
红尖辣椒	1根
植物油	3汤匙
蒜	3瓣
姜	2片

—— 烹饪秘笈 ——

烹饪这道菜一定要大火快炒，从菜入锅开始不超过3分钟出锅。

蚝油和虾酱都有咸味，不用额外加盐。

营养贴士

空心菜中富含叶绿素、维生素C和胡萝卜素，可增强体质，洁齿防龋，润泽皮肤。

美妙的组合

培根生菜三明治

🕐 烹饪时间　20分钟

🔥 难易程度　低级

特色

吐司夹着大量的生菜，只想大口大口咬下去，生菜的爽脆搭配上三种酱料是多么美妙的组合，早餐吃这样的三明治，满足！

做法

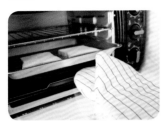

❶ 烤箱上下火180℃预热2分钟，取出烤盘，摆好2片吐司。

❷ 其中1片吐司放上奶酪片，再摆上2片培根，放回烤箱180℃上下火烤4分钟。

❸ 烤吐司片时，去壳白煮蛋纵向切成厚约1厘米的片备用。

❹ 生菜洗净撕块，沥干水分，撒入盐和黑胡椒粉搅拌均匀。

❺ 取出吐司片，在有奶酪培根那片吐司上平铺好白煮蛋片，再撒上生菜块。

❻ 生菜上均匀挤上千岛酱和沙拉酱，另一片吐司上面抹匀黄芥末酱。

❼ 将抹上黄芥末酱的吐司片盖在生菜上，压一压，用保鲜膜裹紧，用刀从中间切开即可。

主料

生菜	150克

辅料

吐司片	2片
培根	2片
去壳白煮蛋	1个
奶酪片	1片
黑胡椒粉	2克
黄芥末酱	2茶匙
千岛酱	2茶匙
沙拉酱	2茶匙
盐	少许

~~~ 烹饪秘笈 ~~~

生菜中撒入盐和黑胡椒粉后，放置时间不宜过长，否则会出水。

营养贴士

生菜热量低、水分高，其膳食纤维和维生素C含量丰富，有助于消除体内多余的脂肪，还能帮助增强身体抵抗力。

百吃不腻的小菜

爽口莴笋丝

🕐 烹饪时间　10分钟

🔥 难易程度　低级

特色

莴笋清香爽脆，生拌水分足，焯水颜值高，招待客人满桌的大鱼大肉，不妨来一道这样的小菜，清新爽口！

做法

❶ 莴笋择掉叶子，切去根部，去皮，洗净，切成细丝。

❷ 胡萝卜去皮，洗净，切成细丝。

❸ 烧适量开水，放入莴笋丝和胡萝卜丝，汆烫30秒捞出，立刻放入冰水中浸泡2分钟。

❹ 捞出莴笋丝、胡萝卜丝，沥干水分，盛盘。

❺ 向莴笋丝、胡萝卜丝中加入白醋、香油、盐、白糖，搅拌均匀。

❻ 最后均匀撒入黑芝麻点缀即可。

主料

| 莴笋 | 1根 |

辅料

胡萝卜	20克
白醋	1茶匙
香油	1茶匙
白糖	1/2茶匙
盐	2克
黑芝麻	1克

〜〜〜 烹饪秘笈 〜〜〜

莴笋汆烫时间不要超过40秒，焯水后要过冰水才能保持爽脆的口感。

营养贴士

莴笋的浆液丰富，味道清新略苦，有利于增加胆汁分泌，帮助消化，增进食欲。吃多了油腻的食物可以吃莴笋调节改善。

清淡可口，翠绿怡人

减脂圆白菜卷

🕐 烹饪时间　30分钟

🔥 难易程度　低级

特色

圆白菜卷不只可以包肉类的馅料，稍微改造一下，里面卷上蔬菜，结合中式火锅的吃法蘸麻酱，口味清淡，营养又减脂！

主料	
圆白菜叶	200克
菠菜	120克
胡萝卜	1根

辅料	
芝麻酱	40克
腐乳汁	2茶匙
韭菜花酱	1茶匙
生抽	2汤匙
香油	2茶匙
醋	1汤匙
白糖	1/2茶匙
盐	少许

做法

❶ 削掉圆白菜叶根部的硬梗，洗净，放在开水中焯烫40秒，捞出后浸泡在冷水中。

❷ 胡萝卜去皮、洗净，切成长约5厘米的丝；菠菜去根、洗净。

❸ 烧一锅开水，放入胡萝卜丝氽烫1分钟，捞出备用；随后将菠菜放在开水中焯烫40秒，捞出后切成长约5厘米的段。

❹ 在胡萝卜丝、菠菜段中加入生抽、香油、醋、白糖、少许盐搅拌均匀。

❺ 捞出圆白菜叶放在案板上，每个圆白菜叶中放入适量拌好的胡萝卜丝和菠菜段，像卷春卷一样将圆白菜叶紧实卷起成圆白菜卷。

❻ 芝麻酱中放入腐乳汁和韭菜花酱，搅拌均匀成蘸料，装在小碟中。

❼ 将圆白菜卷摆入盘中，吃时蘸芝麻酱料汁即可。

~~~ 烹饪秘笈 ~~~

如果卷起的圆白菜卷容易松散，可以取焯水后的菠菜茎部做绳来固定。

~~~ 营养贴士 ~~~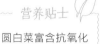

圆白菜富含抗氧化成分，能有效抵抗细胞老化，延缓衰老速度，是女性较好的美容蔬菜之一。

入口爽脆，清淡素雅

冰草沙拉

🕐 烹饪时间   15分钟

🔥 难易程度   低级

特色

吃多了肥腻食物，食欲会跟着下降，只想来一盘清爽的素食沙拉，新鲜的冰草配上爽脆的樱桃萝卜及杏仁片，好吃又健康！

主料

冰草200克

辅料

杏仁片1/2茶匙｜樱桃萝卜4颗｜烘煎芝麻口味沙拉汁2汤匙｜凯撒口味沙拉汁2汤匙｜黑芝麻 1克

做法

❶ 冰草择成小段，稍微冲洗一下，浸泡在清水中2分钟，捞出沥干水分。

❷ 樱桃萝卜洗净，用十字刀法切成4瓣。

❸ 将冰草和樱桃萝卜瓣摆入盘中，均匀撒入杏仁片。

─── 烹饪秘笈 ───

冰草很脆嫩，清洗冰草时不宜用力揉搓，否则容易折断破坏冰草的形态。

❹ 向摆好的食材上按照十字交叉法依次均匀淋入两种沙拉汁。

❺ 最后撒入黑芝麻点缀，吃之前拌匀即可。

营养贴士

冰草富含天然植物盐、氨基酸、胡萝卜素等营养物质，食用后既解渴又补充盐分，营养价值颇高。

特色

把青豆煮熟，用料理机打成细腻的糊，加入牛奶煮滚，散发出阵阵奶香，美味又营养。这款餐厅点击率超高的青豆泥，在家就可轻松做出。

主料

青豆300克

辅料

牛奶200毫升 | 橄榄油15毫升 | 白糖1茶匙 | 盐1/2茶匙 | 薄荷叶1片

—— 烹饪秘笈 ——

清洗青豆时，可以将豆皮和豆仁分离，打出来的青豆泥口感更细腻。

营养贴士

青豆富含不饱和脂肪酸和大豆磷脂，常食青豆有助于健脑、增强记忆力。

绿色营养，清新气质

青豆泥

🕐 烹饪时间　30分钟

🔥 难易程度　低级

做法

① 青豆洗净，放入开水中煮10分钟捞出，在冷水中浸泡2分钟。

② 捞出青豆，沥干水分，放入料理机中，加入橄榄油、白糖、盐和适量清水，搅打成细腻的青豆泥。

③ 将青豆泥倒入一个小锅内，加入牛奶搅拌均匀，开小火煮至稍微冒泡。

④ 盛出青豆泥，用薄荷叶点缀即可。

苦香苦色

苦瓜海米煎蛋

🕐 烹饪时间　20分钟

🔥 难易程度　低级

特色

鸡蛋与苦瓜混合煎至焦黄，回味无穷、令人难忘，诱人的颜色让你瞬间忘记了苦涩，配合海米的鲜香，吃起来去火又下饭！

做法

❶ 海米冲洗一下，泡在清水中20分钟，使用时捞出沥干水分。

❷ 苦瓜去蒂、去头，洗净，竖着切开，挖去瓜瓤再切碎；胡萝卜去皮、洗净，切碎。

❸ 烧一小锅开水，放入苦瓜碎和胡萝卜碎焯烫3分钟后捞出。

❹ 鸡蛋磕入一个大碗中，加入苦瓜碎、胡萝卜碎、海米、白胡椒粉、少许盐、少量清水，搅拌均匀成苦瓜鸡蛋液。

❺ 平底锅中倒入植物油，烧至六成热时缓慢倒入苦瓜鸡蛋液，轻轻晃动平底锅至蛋液全部在锅内铺平。

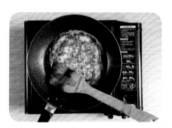

❻ 用中小火来煎鸡蛋液，煎至底面凝固呈金黄色，上面蛋液稍凝固些，再翻至另一面煎至金黄，出锅即可。

主料

苦瓜	1根
胡萝卜	半根

辅料

鸡蛋	4个
海米	20克
白胡椒粉	2克
植物油	3汤匙
盐	适量

—— 烹饪秘笈 ——

苦瓜和胡萝卜焯水既能减少苦瓜的苦味，还能缩短煎蛋的时间。

营养贴士

苦瓜热量低，富含维生素C，在增强人体免疫力的同时还助于美容养颜。

苦瓜正确的打开方式

苦瓜酿肉

🕐 烹饪时间　**40分钟**

🔥 难易程度　**中级**

特色

有一种瓜专为清热降火而生，小小的苦瓜墩儿里塞满鲜嫩的肉馅，瓜翠肉红，香气扑鼻，怕苦味的人都会赞不绝口！

做法

❶ 干香菇洗净，浸泡在清水中1小时，泡发后切碎。

❷ 苦瓜去蒂洗净，切成长约3厘米的段，挖掉瓜瓤，入开水中焯烫3分钟捞出，浸泡到冰水中。

❸ 香葱去根、洗净、切碎；姜、蒜去皮，分别切末。

❹ 向牛肉糜中打入鸡蛋，加入香葱碎、姜末、香菇碎、45毫升生抽、5克淀粉、料酒、香油、适量盐，顺时针搅拌上劲成肉馅。

❺ 捞出苦瓜段，将肉馅塞入苦瓜段内，塞满后压紧实。

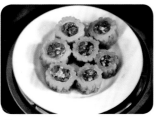

❻ 蒸锅上汽，将塞好肉馅的苦瓜放在蒸屉上大火蒸10分钟。

❼ 蒸好苦瓜的汤汁倒入另一锅中，加蒜末、剩余的生抽、淀粉、少许清水拌匀，小火熬成芡汁，淋在苦瓜上即可。

主料

| 苦瓜 | 1根 |
| 牛肉糜 | 100克 |

辅料

干香菇	2朵
鸡蛋	1个
香葱	1根
姜	1片
蒜	5瓣
淀粉	8克
生抽	90毫升
料酒	3汤匙
香油	2汤匙
盐	适量

—— 烹饪秘笈 ——

苦瓜焯水后要放入冰水中浸泡，能尽量保持苦瓜翠绿的颜色。

营养贴士

苦瓜中的苦味素能减少脂肪和多糖的摄入，是减肥佳品。

质朴的美味

农家花椒芽煎饼

🕐 烹饪时间　40分钟

🔥 难易程度　低级

特色

花椒芽可以热炒、凉拌、油炸、涮锅，口感麻香味美，这次我们换种新吃法，切碎了来摊煎饼，直接吃或者卷菜卷肉，风味独特，回味无穷。

做法

❶ 花椒芽洗净，切碎。

❷ 鸡蛋打入碗中，顺时针打散成鸡蛋液。

❸ 向面粉中倒入鸡蛋液，加入胡椒粉、适量盐和清水，搅拌均匀成面糊，用筷子一挑面糊能轻松滑落即可。

❹ 花椒芽碎放入面糊中搅匀。

❺ 取一个不粘锅，每次锅中加入少量植物油晃匀，烧至七成热时倒入40克花椒芽面糊，用刷子摊成煎饼。

❻ 小火慢烙，待朝向锅底那面煎饼呈金黄色时，再用铲子翻另一面煎至熟透，盛入盘中即可。

主料

花椒芽	60克
面粉	150克

辅料

鸡蛋	2个
胡椒粉	1/2茶匙
植物油	3汤匙
盐	适量

—— 烹饪秘笈 ——

面糊一定要搅拌到无面疙瘩，烙出来的煎饼口感才软嫩。

全程要用小火来烙，避免煳锅。

营养贴士

花椒芽是高蛋白高纤维食物，含多种维生素，带有独特的麻香味，解毒又活血，春秋季节吃可以暖胃。

CHAPTER 1 鲜活·绿色

清淡又鲜美

西蓝花虾仁彩蔬丁

🕐 烹饪时间　50分钟
🔥 难易程度　中级

特色

几种色彩缤纷的蔬菜和虾仁搭配，碰撞出清淡鲜美的味道，简单、诱人，食材与人一样，多花心思就会变得好看。

做法

① 虾仁去沙线，冲洗干净，放入20毫升生抽、料酒、胡椒粉、少许盐腌制20分钟。

② 西蓝花掰成小朵、洗净；胡萝卜去皮、洗净，切丁；黄椒、红椒、黄瓜分别洗净、切丁；葱、姜去皮、切末。

③ 烧一锅开水，加少许盐，放入西蓝花和胡萝卜焯烫3分钟，捞出过冷水，沥干水分。

④ 玉米粒放入开水中焯烫5分钟后捞出，沥干水分。

⑤ 将淀粉、蚝油、香油和剩余生抽混合，加入少量清水，搅拌均匀，调成勾芡汁。

⑥ 炒锅中倒入植物油，烧至七成热时加葱末、姜末爆香，放入虾仁炒至变色，加入胡萝卜丁、黄椒丁、红椒丁、黄瓜丁、玉米粒，中火翻炒3分钟。

⑦ 再将焯好的西蓝花放入炒锅中，撒入适量盐，中火翻炒2分钟，倒入勾芡汁勾芡。

⑧ 炒好的蔬菜虾仁盛出，随意撒上熟松子仁即可。

主料

西蓝花	200克
虾仁	10只

辅料

胡萝卜	半根
黄椒	35克
红椒	35克
玉米粒	10克
黄瓜	半根
熟松子仁	10克
植物油	3汤匙
生抽	50毫升
料酒	2汤匙
胡椒粉	1克
蚝油	2茶匙
淀粉	1/2茶匙
香油	1茶匙
葱	2克
姜	2片
盐	适量

---- 烹饪秘笈 ----

可将虾仁腌制后焯烫一下，最后放入锅内，口感更鲜滑。

营养贴士

虾仁营养丰富，蛋白质是鱼蛋奶类的几倍；西蓝花中的维生素A、胡萝卜素有助于保持皮肤弹性，促进肌肤年轻化。

受宠的时令菜
豌豆尖氽丸子

🕐 烹饪时间　40分钟

🔥 难易程度　中级

特色

豌豆尖弥足珍贵，上市的时令短又受欢迎，煮汤最能保留其本味及油亮嫩绿的颜色，余入几颗牛肉丸子，带肉味的菜汤总是令人无法抗拒。

做法

❶ 大葱、姜去皮，分别切末；香菜去根、洗净，切末。

❷ 豌豆尖洗净，沥干水分备用。

❸ 向牛肉糜中磕入鸡蛋，加入大葱末、姜末，倒入生抽、料酒、香油、白糖、胡椒粉、淀粉、适量盐，搅拌上劲儿成肉馅。

❹ 砂锅中加入适量清水煮开，将肉馅放入左手中，在左手虎口处挤丸子，右手拿勺将丸子余入开水中，直至全部丸子余入锅中。

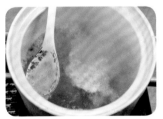

❺ 待丸子大火煮开锅后，撇净浮沫，再调中火继续煮5分钟，放入粉丝。

❻ 粉丝煮软后放入豌豆尖再煮1分钟，随后撒入少许盐和香菜末调味即可。

主料

豌豆尖	100克
牛肉糜	250克

辅料

鸡蛋	1个
大葱	60克
姜	2克
生抽	3汤匙
料酒	2汤匙
香油	2茶匙
白糖	1/2茶匙
胡椒粉	2克
淀粉	1茶匙
粉丝	40克
香菜	1根
盐	适量

--- 烹饪秘笈 ---

豌豆尖易熟，下锅1分钟即可，千万不要煮太久。

肉馅中加入鸡蛋可以吸收部分牛肉糜中的油脂，还能更好地聚拢肉丸定形。

营养贴士

豌豆尖含有抗酸性物质，有助于维持体内环境的酸碱平衡，防止衰老，排除体内毒素。

CHAPTER 1 鲜活·绿色

咸鲜可口，时尚健康

虾滑酿秋葵

🕐 烹饪时间　50分钟

🔥 难易程度　中级

特色

虽然秋葵的汁液黏滑，但虾滑的填入弥补了它的不足，而秋葵也吸收了虾滑的鲜美，蒸出来的味道比煎的更赞，而且很健康！

主料

秋葵	8个
鲜虾	200克

辅料

鸡蛋	1个
生抽	1汤匙
料酒	1汤匙
柠檬汁	1/2茶匙
白胡椒粉	1克
淀粉	1茶匙
海苔	1片
盐	适量

做法

❶ 鲜虾去头尾，去皮，去沙线，清水洗净，用刀背捶成泥。

❷ 鸡蛋将蛋清、蛋黄分离，蛋清留用，蛋黄可做他用。

❸ 把虾泥放入碗中，加入蛋清、生抽、料酒、柠檬汁、白胡椒粉、适量盐，搅拌上劲成虾滑。

❹ 秋葵洗净，去蒂去尾，入开水中焯烫3分钟，捞出过冷水，沥干水分备用。

❺ 在秋葵的单侧竖着切一个开口，开口处向淀粉中蘸一下，将虾滑填入秋葵中，按紧压实。

❻ 将酿好的秋葵摆入稍微深一点的盘中。

❼ 蒸锅中加入适量水烧开，酿好的秋葵放在蒸屉上，中火蒸8分钟。

❽ 将海苔放入保鲜袋中捏成碎末，最后撒在秋葵上即可。

--- 烹饪秘笈 ---

在秋葵开口处蘸一下淀粉，这样虾滑填入秋葵时可以更好地固定。

营养贴士

秋葵的钙含量比较高，且吸收率为50%~60%，是比较理想的钙来源。

CHAPTER 1 鲜活·绿色

鲜上加鲜，让你口水直流

韭菜炒蛤螺肉

🕐 烹饪时间　40分钟
🔥 难易程度　中级

特色

家常版的韭菜与蛤螺肉翻炒，滑嫩咸鲜，既有韭菜的香气，又有蛤螺肉的鲜美，想想就流口水！

做法

❶ 田螺至少提前一天放入清水中浸泡，期间更换3次清水，烹饪前将田螺放入开水中汆烫40秒，捞出后用牙签挑出田螺肉。

❷ 文蛤提前半天浸泡在清水中吐沙，吐净后放入开水中汆烫至开口，即刻捞出，剥出文蛤肉待用。

❸ 干木耳冲洗一下，提前1小时浸泡在清水中，泡发后掐掉根部，切成韭菜叶粗细的丝。

❹ 韭菜择净，切成长约3厘米的段；红辣椒洗净、去蒂，切圈；姜切末；葱去皮、切丝。

❺ 淀粉中加入生抽、料酒、蚝油、少量清水，调成勾芡汁。

❻ 炒锅中倒入食用油，烧至七成热时放入葱丝、姜末、红辣椒圈爆香，放入木耳丝翻炒1分钟。

❼ 再放入韭菜段炒至变色，加入文蛤肉。

❽ 随后放入田螺肉，倒入勾芡汁勾芡，撒入适量盐调味即可。

主料

韭菜	150克
文蛤	200克
田螺	200克

辅料

干木耳	5克
红辣椒	1根
食用油	3汤匙
生抽	2汤匙
料酒	4茶匙
蚝油	2茶匙
淀粉	1/2茶匙
姜	2片
葱	2克
盐	适量

—— 烹饪秘笈 ——

田螺焯烫时间不要超过1分钟，烹饪时翻炒几下即可，时间太久肉质会变老发硬。

CHAPTER 1 鲜活·绿色

营养贴士

韭菜含有硫化物，具有一定的杀菌消炎的作用。韭菜还富含膳食纤维，能促进肠道蠕动，同时减少对胆固醇的吸收。

春天里的好吃食

豌豆苗春饼

🕐 烹饪时间　40分钟

🔥 难易程度　低级

特色

豌豆苗在蔬菜堆里总是惹人注目，直溜溜的细长条最适合卷春饼，放在锅里与其他蔬菜翻炒一下去掉豆腥味，再互相吸饱彼此的香气，真是妙哉！

做法

❶ 干木耳冲洗一下，提前1小时浸泡在清水中，泡发后掐掉根部，切成丝。

❷ 每个饺子皮之间刷一层植物油，全部饺子皮叠在一起，用擀面杖一起擀成薄饼。

❸ 蒸锅中放入适量清水煮开，蒸屉上铺好浸湿的屉布，放入薄饼，盖盖，大火蒸10分钟关火，趁热把薄春饼一张张分开。

❹ 豌豆苗和绿豆芽洗净，沥干水分；胡萝卜去皮、洗净，切丝；鸡蛋磕入碗中，打散成鸡蛋液。

❺ 不粘锅中倒入15毫升植物油，烧至六成热时，倒入鸡蛋液晃匀，摊成鸡蛋薄饼，再切成丝。

❻ 炒锅中倒入剩余植物油，烧至七成热时放入胡萝卜丝和木耳丝大火翻炒2分钟。

❼ 再放入豌豆苗、绿豆芽、鸡蛋丝，随后倒入生抽，撒少许盐，翻炒2分钟后关火盛出。

❽ 将甜面酱抹在春饼上面，放入适量豌豆苗炒菜，卷起来入口即可。

主料

豌豆苗	200克
饺子皮	10张

辅料

胡萝卜	半根
鸡蛋	1个
干木耳	5克
绿豆芽	100克
植物油	60毫升
生抽	2汤匙
盐	少许
甜面酱	50克

— 烹饪秘笈 —

擀春饼的时候正面擀几下再反过来擀几下，四周擀得均匀一些，这样的春饼大小、薄厚比较均匀。

营养贴士

豌豆苗含有多种人体所需的氨基酸，性清凉，在酷暑季节食用对清除体内积热有很大的帮助。

辛辣不失鲜美

蒲公英芥末墩

🕐 烹饪时间　**20分钟**

🔥 难易程度　**低级**

特色

蒲公英是公认的保健野菜，调点芥末汁浇在蒲公英上，更是提神开胃，不仅味蕾得到满足，身心也更加舒畅。

主料

蒲公英400克

辅料

芥末粉2汤匙｜白糖1茶匙｜白醋1汤匙｜香油1茶匙｜熟白芝麻1克｜盐适量

做法

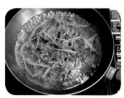

❶ 蒲公英洗净后放入开水中焯烫40秒，捞出后入冷水浸泡5分钟。

❷ 在芥末粉中加入白糖、白醋、香油、适量盐、少许清水，调成芥末汁。

❸ 捞出蒲公英，沥干水分，倒入部分芥末汁搅拌均匀。

❹ 拌好的蒲公英放入高5厘米的透明玻璃杯中按紧压实。

❺ 将玻璃杯倒扣入盘中，形成蒲公英墩，浇上剩余芥末汁。

❻ 在蒲公英墩上均匀撒上熟白芝麻即可。

〰 烹饪秘笈 〰

因各种芥末粉的浓度和质量不同，所以一定要根据口味掌握好芥末粉的用量。

营养贴士

蒲公英含有蒲公英醇、蒲公英素、胆碱、有机酸、菊糖等多种健康营养成分，有利尿散结、清热解毒的功效。

特色

每当春季来临，到处可以看到蒲公英的影子。外出郊游时采摘或者选择市售的，加点自己爱吃的配菜，淋些酱汁，拌一拌，清新爽口、好吃解腻！

主料

蒲公英150克

辅料

橄榄油10毫升｜培根2片｜去壳白煮蛋1个｜紫洋葱20克｜蒜香面包干20克｜黑胡椒碎1克｜凯撒口味沙拉汁3汤匙

春天的味道
蒲公英沙拉

🕐 烹饪时间　40分钟

🔥 难易程度　低级

做法

--- 烹饪秘笈

可根据自己的口味喜好随意更换沙拉汁和酱汁。

蒲公英叶子比较脆嫩，轻轻翻拌几下即可，避免叶子软塌影响口感。

营养贴士

蒲公英营养全面，氨基酸含量高于同类野菜，在冬春交替的干燥季节食用，可清热去火。

❶ 蒲公英择洗净，浸泡在清水中30分钟。

❷ 白煮蛋横向切成厚约3毫米的鸡蛋片。

❸ 紫洋葱去皮、切丁。

❹ 平锅中倒入橄榄油，烧至五成热时放入培根煎香，再切成丁。

❺ 将蒲公英捞出沥干水分，放入盘中，摆入鸡蛋片，加入紫洋葱丁、培根丁、面包干。

❻ 随意地撒入黑胡椒碎，均匀淋入凯撒口味沙拉汁拌匀即可。

吮手指，吃光光

芹菜虾球

🕐 烹饪时间　50分钟

🔥 难易程度　中级

特色

宫保虾球、软炸虾球、糖醋虾球……都是人气超高的美味，是时候来点低脂健康的，虾球搭配芹菜，一个清脆一个爽滑，清淡、营养、鲜美，一箭三雕。

做法

❶ 鲜虾洗净，去头、剥皮、留虾尾，虾尾的皮要保留，虾背部开一刀取出沙线，开背开深一些，但不要切断。

❷ 虾仁加入生抽、料酒、胡椒粉、少许盐腌制20分钟。

❸ 芹菜茎洗净，斜刀切成合适的段。

❹ 姜切末；蒜去皮、切片；枸杞子冲净备用。

❺ 锅中加入适量清水烧开，下入芹菜段焯烫1分钟后捞出，过冷水浸泡2分钟，捞出沥干水分。

❻ 腌好的虾仁放入焯芹菜的开水中烫至变色捞出。

❼ 炒锅中倒油烧热，放入姜末、蒜片爆香，再放入芹菜段和虾仁大火翻炒2分钟。

❽ 加入蚝油、少许盐炒匀，关火盛出，撒上枸杞子点缀即可。

主料

| 芹菜茎 | 200克 |
| 鲜虾 | 10只 |

辅料

生抽	2汤匙
料酒	2汤匙
胡椒粉	1克
植物油	3汤匙
姜	2片
蒜	2瓣
蚝油	2茶匙
枸杞子	10粒
盐	适量

〜〜 烹饪秘笈 〜〜

鲜虾开背开深一些，但不切断，卷出来的虾球更漂亮。

蚝油本身是咸的，所以后面放盐时要控制好量。

提前将芹菜和虾仁焯烫，可以减少植物油的摄入，缩短烹饪时间。

CHAPTER 1 鲜活·绿色

营养贴士

芹菜含多种维生素，对人体健康十分有益；虾球是蛋白质的良好来源。这道菜清淡养生，营养均衡。

好吃不长肉

烤芦笋

- ⏱ 烹饪时间　40分钟
- 🔥 难易程度　低级

特色

青翠欲滴，外香里嫩，看着就好吃，营养丰富又健康，好吃不胖才是硬道理！

主料

芦笋8根

辅料

青柠檬1个 | 橄榄油15毫升 | 蜂蜜2汤匙 | 盐适量 | 黑胡椒粉少许

烹饪秘笈

芦笋去皮烤口感更脆嫩，但去皮的芦笋要掌握好烤时的温度。

做法

❶ 芦笋洗净，沥干水分。

❷ 青柠檬洗净，切成厚约2毫米的片。

❸ 取一张油纸，在油纸中间横向摆两排青柠檬片，上下各4片，共8片。

❹ 在青柠檬片上摆好芦笋，撒少许盐，淋入蜂蜜，在芦笋上面铺好剩余的柠檬片，倒上橄榄油。

❺ 用油纸将食材包裹起来，外面再包裹一层锡纸。

❻ 烤箱上下火180℃预热3分钟，将食材放入烤盘中，放入烤箱上下火烤20分钟。

❼ 烤好后取出，均匀撒上黑胡椒粉即可。

营养贴士

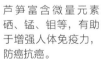

芦笋富含微量元素硒、锰、钼等，有助于增强人体免疫力，防癌抗癌。

特色

丝瓜有一种独特的味道，和文蛤一起搭配，只能用鲜来形容，几分钟轻松搞定，水润又鲜美！

主料

丝瓜1根 | 文蛤250克

辅料

料酒3汤匙 | 姜2克 | 胡椒粉1克 | 盐适量

—— 烹饪秘笈 ——

这道汤烹饪的时间不宜过长，从食材入锅开始，尽量控制在5分钟内。

丝瓜文蛤汤

⏱ 烹饪时间　10分钟
🔥 难易程度　低级

做法

❶ 文蛤提前半天浸泡在清水中吐净泥沙，放入开水中焯烫至开口，捞出沥干水分。

❷ 丝瓜削皮、洗净，切成滚刀块。

❸ 姜洗净、去皮，切成姜丝。

营养贴士

丝瓜中富含B族维生素，有保持皮肤弹性、美白去皱的功效，是受众人追捧的美容蔬菜。

❹ 砂锅中加入适量清水，大火煮开后放入丝瓜，转中小火煮2分钟。

❺ 放入焯烫过的文蛤，随后倒入料酒、放入姜丝，调小火继续煮1分钟。

❻ 最后撒入胡椒粉和适量盐调味即可。

马齿苋玉米团

🕐 烹饪时间　1小时20分钟

🔥 难易程度　中级

特色

小时候满地采马齿苋，觉得它是不起眼的野菜，长大后发现马齿苋成了颇受追捧的健康食物，再搭配上粗粮，是人们争相品尝的营养美味。

做法

❶ 面粉加入玉米面中，磕入鸡蛋，取适量温水，边倒温水边试面团的软硬度，待玉米面团揉至光滑，盖好保鲜膜醒40分钟。

❷ 马齿苋洗净，放入开水中焯烫40秒，捞出后过冷水，沥干水分，切碎，攥出多余水分。

❸ 胡萝卜洗净、去皮，切碎；姜洗净、去皮，切末；香葱去根、洗净，切碎；虾皮冲洗一下，浸泡在清水中10分钟，使用时捞出沥干。

❹ 将胡萝卜碎、姜末、香葱碎、虾皮放入马齿苋碎中，再倒入生抽、蚝油、香油、五香粉、适量的盐，搅拌均匀成馅料。

❺ 将玉米面团分成每个约50克的小剂子，擀成中间稍厚周围略薄的团子皮，左手拿团子皮，右手向团子皮中填适量馅料。

❻ 左手将团子皮和馅料聚拢，像包包子那样边收口边往下摁馅料，封口后用双手团圆，在团子上涂抹少量植物油防粘。

❼ 蒸锅中加入适量清水，放上蒸屉、浸湿屉布，将团好的团子冷水上锅，大火煮开待上汽后蒸20分钟即可关火。

主料

马齿苋	300克
玉米面	250克
面粉	100克

辅料

鸡蛋	1个
胡萝卜	1根
姜	3片
香葱	1根
虾皮	30克
生抽	2汤匙
蚝油	1汤匙
香油	2茶匙
五香粉	1/2茶匙
植物油	少许
盐	适量

~~~ 烹饪秘笈 ~~~

在团子封口时可以多塞入一些馅料，蒸出来的团子皮薄馅大。

 营养贴士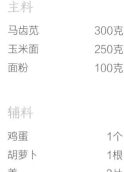

马齿苋含维生素A、维生素C，能促进溃疡处愈合，易患口腔溃疡者适合多食马齿苋。

来头不简单

香拌马齿苋皮蛋

🕐 烹饪时间　20分钟

🔥 难易程度　低级

特色

大部分人喜欢凉拌马齿苋，入开水焯烫一下，清爽脆嫩。但只拌马齿苋太单调，加几颗皮蛋既丰富了菜品，又能增强视觉冲击力，快给家人露一手吧！

做法

① 马齿苋洗净，入开水中焯烫至变色，捞出后过冷水，沥干水分。

② 皮蛋去皮，切小瓣。

③ 红尖椒洗净、去蒂；香葱洗净、去根，分别切碎；蒜去皮、切末。

④ 把蒜末、生抽、蚝油、香油、白糖、少许盐、红尖椒碎混合，调成料汁。

⑤ 将马齿苋放入一个小碗中，按紧压实，反过来扣在盘中，在马齿苋的周围摆好皮蛋瓣。

⑥ 将料汁淋入马齿苋和皮蛋瓣上，再撒上熟白芝麻和香葱碎即可。

主料	
马齿苋	300克
皮蛋	2颗

辅料	
蒜	5瓣
生抽	60毫升
蚝油	2茶匙
香油	1茶匙
白糖	1/2茶匙
盐	少许
红尖椒	1个
香葱	1根
熟白芝麻	1克

--- 烹饪秘笈 ---

马齿苋下锅焯烫的时间不要过长，变色即可，否则会失掉食材的原汁原味。

 营养贴士

马齿苋中的维生素E有美容护肤的功效，能对抗肌肤衰老，清除自由基。

好吃到一丝不剩

蒜蓉粉丝油菜盏

🕐 烹饪时间　30分钟

🔥 难易程度　低级

特色

油菜根精心修剪出莲花的形状做盏，炒香的蒜蓉汁是这道菜的点睛之笔，淋在油菜盏和粉丝上，外观漂亮又实用，营养充足好健康，最后盘子都被舔的洁白如初！

做法

① 在油菜根部1/4处横向切下做盏，另外的3/4油菜留做他用，油菜盏洗净备用。

② 剪刀修剪一下油菜盏，将油菜盏的每一层剪出一个倒三角形，剪后如同莲花形状，再修剪一下菜心，方便盛蒜蓉汁。

③ 蒜去皮、压蓉；红尖椒洗净、去蒂，切圈。

④ 烧一锅开水，放入油菜盏焯烫2分钟，捞出后过凉水。

⑤ 再将粉丝放入开水中焯烫至软，捞出后沥干水分。

⑥ 将粉丝铺在盘底，上面摆好油菜盏。

⑦ 炒锅中倒入植物油，烧至七成热时放入蒜蓉炒至金黄色，倒入生抽、蚝油、蒸鱼豉油、少许盐、白糖、香油、少量清水成蒜蓉汁。

⑧ 将蒜蓉汁淋在油菜盏和粉丝上，再撒上红尖椒圈即可。

主料

| 油菜 | 6根 |
| 粉丝 | 50克 |

辅料

植物油	3茶匙
蒜	8瓣
生抽	3汤匙
蚝油	2茶匙
蒸鱼豉油	3汤匙
白糖	1/2茶匙
香油	1茶匙
红尖椒	1根
盐	少许

—— 烹饪秘笈 ——

挑选油菜时建议选根部大小一致、分层比较多的油菜，做出来的油菜盏更美观。

将蒜蓉汁换成肉馅料也是不错的选择。

营养贴士

油菜的钙含量在绿叶蔬菜中数一数二；大蒜中含有蒜胺，有助于脑细胞生长发育更活跃。

有荤有素，软糯鲜香

油菜培根大米粥

🕐 烹饪时间　50分钟

🔥 难易程度　低级

特色

油菜的营养和培根的香气融入粥中，大米软糯鲜香，做这样一锅营养健康的蔬菜粥，喝完胃里暖暖的，心里美美的。

主料

油菜叶50克｜大米80克

辅料

橄榄油10毫升｜培根2片｜胡椒粉少许｜姜1片｜盐适量

做法

① 砂锅中加入适量清水，大米淘洗干净后冷水入砂锅，大火煮开后转小火熬煮35分钟。

② 油菜叶择洗净，切碎。

③ 姜洗净，切末。

烹饪秘笈

建议先煎香培根再入粥锅中，这样培根的油脂可以被煎出一部分，粥也会更清淡。

④ 平底锅中倒入橄榄油，烧至五成热时放入培根煎香，撒入胡椒粉，再将培根切成丁。

⑤ 向砂锅中加入培根丁和姜末，搅拌均匀，小火继续熬煮5分钟。

⑥ 最后放入油菜碎再煮2分钟，撒入适量盐调味即可。

营养贴士

油菜富含膳食纤维，能有效减少肠道对脂肪的吸收，促进肠道蠕动，排出体内垃圾。

CHAPTER

鲜艳·红色

红色蔬菜

热烈醒目　朝气蓬勃　色彩娇艳

酸酸甜甜少女心

梅酒圣女果

🕐 烹饪时间　40分钟

🔥 难易程度　低级

特色

一颗颗可爱的圣女果，加话梅、梅酒、冰糖腌制冷藏，酸爽开胃，卖相惊艳，特别适合炎热的夏天。想吃吗？自己做！

主料

圣女果	350克

做法

辅料

梅酒	100毫升
话梅	9颗
冰糖	30克
柠檬	3片

❶ 圣女果洗净，将开水倒在圣女果上，然后捞出放入冰水中。

❷ 逐一将圣女果的表皮剥掉。

❸ 将话梅、冰糖放在一个小锅里，加入适量纯净水，熬煮至汤汁稍微浓稠时关火，冷却成话梅糖水。

❹ 取一个干净无油的密封罐，将圣女果放入密封罐中。

~~~ 烹饪秘笈 ~~~

熬制话梅糖水至稍微浓稠时刚刚好，不能太稠也不能太稀。

密封时一定要取干净无油的容器。

CHAPTER 2 鲜艳·红色

❺ 倒入梅酒和已经晾凉的话梅糖水，连同话梅一起放入密封罐中。

❻ 再放入柠檬片，将密封罐封起来，放入冰箱冷藏24小时后食用。

~~~ 营养贴士 ~~~

圣女果含番茄红素，这是一种抗氧化剂，能清除自由基，增强身体批抗力，延缓衰老。

懒人快手饭

番茄牛肉焗饭

🕐 烹饪时间　50分钟

🔥 难易程度　中级

特色

剩米饭的神奇之处在于百搭，随意变化一下，加点蔬菜和肉，撒点奶
酪丝，扔进烤箱，无须时刻守候，时间到了，香喷喷的焗饭就成了，
好吃又省时间！

做法

❶ 牛肉糜中加入生抽、料酒、淀粉、少许盐搅拌均匀，腌制20分钟。

❷ 番茄洗净，顶部划十字，开水浇烫一下，撕掉外皮，切碎丁。

❸ 紫洋葱去皮、切丁；口蘑洗净、切片。

❹ 炒锅中放入15毫升橄榄油，烧至五成热时放入腌好的牛肉糜，中火炒熟，盛入碗中。

❺ 再向炒锅中加入剩余橄榄油，放入紫洋葱丁和口蘑片，炒软出香味，倒入番茄丁，中火翻炒至番茄出汁。

❻ 加入番茄酱、黑胡椒碎，中火再炒3分钟，倒入牛奶和翻炒过的牛肉糜，加入适量盐，熬煮至汤汁浓稠成番茄肉酱后关火。

❼ 剩米饭放入耐高温的方形碗中，按紧压实，将番茄肉酱倒在米饭上。

❽ 最后均匀撒入马苏里拉奶酪丝，放入烤箱中，上下火200℃烤20分钟即可。

主料

番茄	2个
剩米饭	250克

辅料

牛肉糜	100克
紫洋葱	25克
口蘑	3朵
生抽	2汤匙
料酒	2汤匙
淀粉	1茶匙
橄榄油	35毫升
黑胡椒碎	1克
番茄酱	60克
牛奶	100毫升
马苏里拉奶酪丝	100克
盐	适量

CHAPTER 2 鲜艳·红色

烹饪秘笈

每个烤箱的热度不同，待奶酪变成金黄色就可以了。

熬制番茄酱时最好一半番茄已经化成汁，另一半还是番茄肉的状态。

营养贴士

紫洋葱含有硒元素，能增强细胞活力，延缓衰老。口蘑含多种人体必需的氨基酸和维生素，营养价值颇高，有"素中之王"的美称。

十分满足的早餐

番茄培根厚蛋烧

🕐 烹饪时间　20分钟

🔥 难易程度　低级

特色

早餐反反复复总吃那几种，太out了！厚蛋烧来啦，番茄碎和鸡蛋液混合晃成小饼，再慢慢卷起，滑滑嫩嫩，一口咬下去，让你充满饱足感！

做法

❶ 番茄洗净，在顶部划十字，用开水烫一下，剥去皮，切碎丁。

❷ 香葱去根、洗净，切碎；培根切丁；鸡蛋磕入大碗中，打散成鸡蛋液。

❸ 向鸡蛋液中加入番茄丁、培根丁、香葱碎、胡椒粉、30毫升清水、适量盐，搅拌均匀。

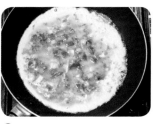

❹ 平底锅中倒入橄榄油，烧至五成热时加入混合蛋液，晃匀摊平。

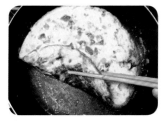

❺ 用小火慢煎，待厚蛋饼底部凝固变熟，上面还稍微有一点生时，将厚蛋饼从一侧向另一侧卷起。

❻ 卷起后出锅切段，均匀撒上熟白芝麻即可。

主料

番茄	1个
鸡蛋	3个

辅料

香葱	1根
培根	2片
胡椒粉	1克
橄榄油	20毫升
熟白芝麻	1克
盐	适量

---- 烹饪秘笈 ----

番茄焯烫去皮，切得细碎一些，方便将厚蛋饼卷起，也不会出现撑破蛋皮的情况。

在卷厚蛋烧的过程中，上面生的部分也会逐渐变熟。

CHAPTER 2 鲜艳·红色

营养贴士

番茄含多种维生素，能增强身体抵抗力。鸡蛋中的不饱和脂肪酸易被人体吸收，为身体提供更多的营养。

过瘾的吃法

酸甜番茄虾

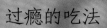 烹饪时间　40分钟

难易程度　低级

特色

两个番茄加点番茄酱炒出来的汤汁纯粹原始，虾被浓郁的番茄汁紧紧包裹，虾肉香滑饱满、有滋有味，汤汁泡饭则更香！

做法

❶ 鲜虾洗净，去壳，挑出沙线，加入生抽、料酒、胡椒粉、少许盐，腌制30分钟。

❷ 番茄洗净，顶部划十字刀，用开水浇烫一下，撕掉表皮，切碎丁。

❸ 香葱去根、洗净，葱白葱绿分开，分别切碎；姜切末；淀粉加少许清水调成水淀粉。

❹ 炒锅中倒入30毫升植物油，烧至七成热时放入腌制好的鲜虾，中火不停煸炒至变色出虾油，盛出。

❺ 再向炒锅中倒入剩余植物油，烧至七成热时加入姜末、葱白碎爆香，放入番茄丁大火翻炒，出汤汁后加入番茄酱和白糖。

❻ 倒入炒过的虾，撒入适量盐，倒入水淀粉，大火不停地翻炒收汁，待汤汁浓稠，虾裹匀番茄汁后关火，撒入葱绿碎即可。

主料

| 番茄 | 2个 |
| 鲜虾 | 250克 |

辅料

番茄酱	50克
香葱	1根
植物油	60毫升
生抽	3汤匙
料酒	3汤匙
淀粉	1茶匙
胡椒粉	1克
姜	2克
白糖	1茶匙
盐	适量

～～ 烹饪秘笈 ～～

鲜虾选择肥一些的，炒出来的虾油会更多。

若嫌吃时剥虾皮麻烦，可以在烹饪前将虾皮去掉再腌制。

营养贴士

番茄中的谷胱甘肽，有助于延缓细胞衰老，增强抗癌能力。鲜虾富含B族维生素，能消除疲劳，增强体力。

酸甜开胃，软嫩香滑

番茄豆腐羹

🕐 烹饪时间　30分钟

🔥 难易程度　低级

特色

番茄酸甜可口，豆腐口感嫩滑，下锅同煮再淋入鸡蛋液，口味丰富，软嫩香滑，做宝宝辅食也不错。

做法

❶ 番茄洗净，在顶部划十字，用开水浇烫一下剥皮，切成丁。

❷ 嫩豆腐从盒中取出，切成1厘米见方的块。

❸ 鸡蛋磕入碗中，顺时针打散成鸡蛋液。

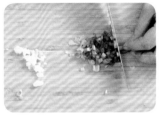

❹ 香葱去根、洗净，葱白葱绿分开，分别切碎。

❺ 淀粉中加入适量清水，调成水淀粉。

❻ 锅中倒入植物油，烧至七成热时，放入葱白碎爆香，下入番茄丁，中火翻炒5分钟，中间用铲子按压几次。

❼ 倒入嫩豆腐丁，中火继续翻炒3分钟，加入适量清水，大火煮开后转中小火熬煮5分钟，将鸡蛋液缓慢倒入锅中，待蛋花成形。

❽ 随后向锅内加入胡椒粉、适量盐，倒入香油和水淀粉，搅拌均匀后关火，盛出撒入葱绿碎点缀即可。

主料

| 番茄 | 2个 |
| 嫩豆腐 | 1盒 |

辅料

鸡蛋	1个
香葱	1根
淀粉	1/2茶匙
香油	1茶匙
植物油	3汤匙
胡椒粉	1克
盐	适量

--- 烹饪秘笈 ---

炒番茄时，待番茄汤汁多一些再放入嫩豆腐，这样汤的味道更浓郁。

--- 营养贴士

番茄中的苹果酸和柠檬酸能帮助消化脂肪，日常吃了油腻的食物可以进食番茄缓解。

自制健康甜汤

银耳番茄盏

🕐 烹饪时间　1小时

🔥 难易程度　低级

特色

番茄果肉和银耳一起煮汤，再装回番茄盏中，先吸溜吸溜地喝汤，再一口一口吃掉番茄，连刷碗都省了。

做法

❶ 干银耳放入密封袋中捏碎，浸泡在清水中4小时，泡发后冲洗干净。

❷ 取一个砂锅，放入泡好的银耳，加入适量清水，大火煮开后转小火慢煮40分钟。

❸ 番茄洗净，分别在有蒂的那端1/5处横切一刀做盖，番茄的果肉挖出，剩余的部分做盏。

❹ 将番茄果肉捣碎备用。

❺ 待银耳汤汁煮至浓稠时，放入冰糖和番茄果肉，冰糖溶化后关火冷却。

❻ 银耳番茄汤汁冷却后分别盛入2个番茄盏中，并将盖子盖回固定，放入冰箱冷藏12小时后食用。

主料

番茄	2个

辅料

干银耳	15克
冰糖	20克

〜〜〜 烹饪秘笈 〜〜〜

不冷藏直接食用口感也不错。

银耳要捏碎再煮汤，汤汁一定要熬煮到浓稠，滑滑润润的才好喝。

营养贴士

银耳中的维生素D能有效防止钙质流失。番茄中的维生素A对牙齿组织的形成有重要作用。这道汤可促进骨骼发育，特别适合成长中的青少年。

蔬菜中的佼佼者

腌渍樱桃萝卜

🕐 烹饪时间　30分钟

🔥 难易程度　低级

特色

红彤彤的樱桃萝卜水分充足，生吃再好不过，无需加太多调味品，吃的就是原有的香味与色泽，脆嫩爽口，解油解腻！

主料

樱桃萝卜350克

辅料

白醋3汤匙｜白糖1茶匙｜盐适量

做法

❶ 樱桃萝卜择掉根须、洗净，将萝卜部分与叶子分开。

❷ 准备2根筷子，放在一颗樱桃萝卜的两侧，刀垂直于菜板，斜刀切片，切至筷子的位置即可，不要切断。

❸ 再将樱桃萝卜的另一片翻过来，用同样的切法，切成蓑衣樱桃萝卜。

❹ 向樱桃萝卜中撒入适量盐腌制15分钟，腌出萝卜的水分。

❺ 将叶子与樱桃萝卜混合放在一起。

❻ 倒入白醋，撒入白糖，搅拌一下就可以了。

--- 烹饪秘笈 ---

樱桃萝卜腌制一下口感更爽脆，但腌制的时间不能太久，否则会导致脱水过多。

营养贴士

樱桃萝卜中的芥子油能促进肠胃蠕动、增进食欲、帮助消化。

特色

满满的一盘维生素，淡淡的橙香，温柔香甜，清新爽脆，简单又充满个性，减脂期最适合来一盘这样的沙拉！

主料

樱桃萝卜250克

辅料

香橙1个 | 柠檬3片 | 香甜沙拉酱3汤匙 | 盐少许

香橙柠檬
樱桃萝卜沙拉

🕐 烹饪时间　30分钟

🔥 难易程度　低级

做法

烹饪秘笈

若不喜欢太酸的可以省略挤柠檬的步骤。

❶ 樱桃萝卜洗净，将萝卜部分与叶子分开。

❷ 萝卜切成小圆片，放入少量盐腌制10分钟。

❸ 香橙剥去皮，将果肉掰成小块。

CHAPTER 2 鲜艳·红色

营养贴士

香橙和樱桃萝卜均含丰富的维生素C，能增强身体抵抗力，还能美白肌肤。

❹ 将樱桃萝卜片和香橙块摆入盘中，均匀地挤入柠檬汁。

❺ 随意撒入萝卜叶子，再均匀淋上香甜味沙拉酱即可。

生机勃勃

越南春卷

🕒 烹饪时间　20分钟

🔥 难易程度　低级

特色

春卷皮经过浸泡变得柔软透明，包裹上鲜艳的蔬菜，色泽诱人，清爽可口，简单又健康！

主料

樱桃萝卜15个｜草莓15个｜越南春卷皮8张

辅料

球生菜叶2片｜红椒半个｜蒜蓉辣酱3汤匙

做法

❶ 准备适量50℃左右的温水，将越南春卷皮浸泡在温水中2分钟，泡软后取出。

❷ 樱桃萝卜洗净，切成厚约2毫米的小圆片。草莓去蒂、洗净，切成厚约2毫米的薄片。

❸ 球生菜叶、红椒洗净，分别切丝。

❹ 在案板上平铺越南春卷皮，在中间并排摆好4片樱桃萝卜片，然后码上适量生菜丝和红椒丝。

❺ 最上面一层横向并排摆放4片草莓片。

❻ 沿春卷皮底端向上卷起，将食材紧紧包裹在春卷皮中，两端多余的春卷皮卷进去，最后蘸着蒜蓉辣酱入口。

～ 烹饪秘笈 ～

越南春卷皮和果蔬在使用过程中会有损耗，建议多准备一些。

食材码得整齐些，卷出来的春卷更美观。

营养贴士

草莓含有丰富的维生素，被誉为"水果皇后"。球生菜富含膳食纤维和多种微量元素，能加强蛋白质的吸收，分解脂肪，同时平衡肠胃系统环境。

特色

红彩椒不要只做配菜了，试试新吃法！在红椒杯中放入辅料食材，磕入一个鸡蛋，撒上奶酪丝，经过高温烘烤，就是一顿高颜值的暖心早餐！

主料

红彩椒2个 | 鸡蛋2个

辅料

熟青豆20克 | 熟玉米粒20克 | 熟腊肠20克 | 胡椒粉少许 | 盐适量 | 马苏里拉奶酪丝30克

高颜值的暖心早餐

红椒鸡蛋杯

🕐 烹饪时间　30分钟

🔥 难易程度　低级

做法

〜〜 烹饪秘笈 〜〜

烤制的过程中建议盖好红椒盖，避免里面的食材经过高温溢出来。

❶ 红彩椒洗净，在有蒂的那端1/4处切开做盖，另外3/4红椒做盅，把子去掉。

❷ 熟腊肠切丁；两个红椒盅中分别放入10克熟青豆、10克熟玉米粒、10克熟腊肠丁。

❸ 将2个鸡蛋分别打入两个红椒盅内。

CHAPTER 2 鲜艳·红色

〜〜 营养贴士 〜〜

红彩椒营养价值高，富含维生素C和维生素K，能提高身体机能，预防牙龈出血、贫血等症状。

❹ 在鸡蛋上面各撒入少许胡椒粉和适量盐。

❺ 最后将马苏里拉奶酪丝平分，撒入2个红椒盅内，最后盖好红椒盖子，用牙签竖着固定。

❻ 将红椒鸡蛋杯放入烤箱的烤盘内，烤箱上下火200℃烤15分钟即可。

减脂瘦身的诱人主食

红甜菜根意面

🕐 烹饪时间　30分钟

🔥 难易程度　低级

特色

这道火红的意面有助于减脂瘦身，而且色泽诱人，味道浓郁，总嫌弃自己发福的你赶快做起来吧!

主料

红甜菜根150克 | 意大利面150克

辅料

混合坚果10克 | 奶酪粉2汤匙 | 盐适量 | 黑胡椒碎1克 | 薄荷叶1片

做法

❶ 红甜菜根去皮、洗净，切块，放入蒸锅中蒸10分钟。

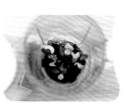

❷ 将熟甜菜根块、混合坚果、奶酪粉、适量盐放入料理机中，打成细腻的泥。

❸ 打红菜根泥的同时，将意大利面放入开水中，多加一些盐，煮至喜欢的软硬程度。

❹ 捞出意大利面，过温水，沥干水分，加入红甜菜根泥，搅拌均匀。

❺ 撒入黑胡椒碎，放入薄荷叶点缀即可。

烹饪秘笈

煮意大利面时可以多放一些盐，煮出来的面更有味。

如果红甜菜根泥太稠，可以加少许纯净水。

营养贴士

甜菜根中含有大量的膳食纤维和果胶成分，不仅能促进肠胃蠕动，排毒减脂，还具有缓解胃溃疡不适的作用。

特色

甜菜根打成泥，搅拌在米饭中，中间包裹牛肉松，随意做成圆的、方的、三角的，一口咬下去，喷香的牛肉松露出来，小朋友看到会很喜欢噢！

主料

红甜菜根150克 | 剩米饭200克

辅料

牛肉松30克 | 沙拉酱4茶匙 | 熟白芝麻1/2茶匙 | 寿司醋2茶匙 | 海苔碎2克 | 盐适量

博得小朋友的青睐

红甜菜根饭团

🕐 烹饪时间　30分钟

🔥 难易程度　低级

烹饪秘笈

团饭团时，双手戴一次性手套操作更方便。

可以选取合适的饭团模具来制作，需要提前在模具中铺一层保鲜膜。

营养贴士

甜菜根富含镁元素，有调节软化血管和阻止血栓形成的作用，对预防高血压有重要作用。牛肉松高蛋白、低脂肪，含有多种微量元素，深受众人的喜爱。

做法

❶ 红甜菜根去皮、洗净、切块，放入蒸锅中蒸10分钟。

❷ 蒸好的红甜菜根放入搅拌机中，打成细腻的泥盛出。

❸ 向剩米饭中加入红甜菜泥、沙拉酱、熟白芝麻、寿司醋、海苔碎、适量盐，搅拌均匀。

❹ 取适量拌好的米饭压成饼状，在米饼中间放入适量牛肉松。

❺ 再取适量米饭将牛肉松完全覆盖，团成自己喜欢的饭团形状即可。

CHAPTER 2 鲜艳·红色

口口生香

红甜菜根藜麦饭

🕐 烹饪时间　40分钟

🔥 难易程度　低级

特色

不知从什么时候开始流行各种焖饭，在主食中加入蔬菜丁成为流行趋势，二者的香气融为一体，飘香四溢，简便快捷，省时省力。

主料

红甜菜根50克｜藜麦100克

辅料

大米50克｜胡萝卜40克

做法

❶ 红甜菜根洗净、去皮、切丁。

❷ 胡萝卜洗净、去皮、切丁。

❸ 藜麦和大米分别淘洗干净。

烹饪秘笈

可以提前将藜麦浸泡10分钟，但大米不要浸泡，否则营养容易流失。

藜麦吸水性强，建议比平时煮饭多放一些水。

❹ 将藜麦和大米放入电饭煲内，摆好红甜菜根丁和胡萝卜丁。

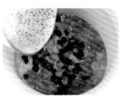

❺ 向电饭煲内加入食材2倍的清水，开启煮饭模式即可。

营养贴士

藜麦中的锰含量很高，有助于促进胎儿智力和骨骼发育。甜菜根中富含叶酸，也是促进胎儿发育不可缺少的物质之一，孕妇可以多吃这两种食物。

3

CHAPTER

清新·橙黄色

橙黄色蔬菜

守本固元　蓄积能量　温和体魄

香甜小零食

自制胡萝卜干

🕐 烹饪时间　50分钟

🔥 难易程度　低级

特色

简单方便易上手，胡萝卜加冰糖炒干，撒点白芝麻，香甜可口，一块接着一块，根本停不下来！

做法

❶ 胡萝卜洗净、去皮，斜刀切成厚约3毫米的片。

❷ 取一个不粘锅，将胡萝卜片和冰糖一同放入锅内，中火翻炒至胡萝卜出汁。

❸ 待锅中冰糖全部化开后，调成大火收汁。

❹ 收汁后，转小火继续翻炒，炒至胡萝卜外皮变干、里面稍软、片片分开。

❺ 最后均匀地撒入熟白芝麻，盛出，放在阴凉通风的地方风干24小时即可。

主料

胡萝卜	8根

辅料

熟白芝麻	20克
冰糖	70克

~~~ 烹饪秘笈 ~~~

整个过程中都要不停地翻炒，避免煳锅。

风干的口感更软、更香甜，要想节省时间，放入烤箱烤干也可以。

胡萝卜片即将变干时要将粘在一起的胡萝卜片分开，风干后吃起来更方便。

营养贴士

胡萝卜含有降糖物质，能减缓肠胃对糖分的吸收速度，糖尿病患者可以多食胡萝卜，有助于控制血糖。

天然无添加

胡萝卜奶昔

🕐 烹饪时间　30分钟

🔥 难易程度　低级

特色

自己做的奶昔安全又健康，整个过程用一台料理机搞定，营养全面，香醇浓厚，早餐时分做起来吧！

主料

胡萝卜3根

辅料

牛奶250毫升 | 蜂蜜适量

──────── 烹饪秘笈 ────────

胡萝卜牛奶糊不要搅打得太细，有些胡萝卜颗粒喝起来口感更好。

做好的奶昔放入冰箱冷藏后食用口感更佳。

胡萝卜和牛奶的量可以自由调节，用量不同，打出来的口感也不同。

做法

❶ 胡萝卜洗净、去皮，切成3厘米的段。

❷ 将胡萝卜段放入蒸锅中蒸熟透。

❸ 蒸好的胡萝卜段和牛奶一同放入料理机中打成糊。

❹ 将胡萝卜牛奶糊盛入容器中，淋入适量蜂蜜搅匀即可。

 营养贴士

胡萝卜富含膳食纤维、热量低，稍微运动就能消耗掉，是减肥瘦身的佳品。

特色

营养丰富的胡萝卜和肉质细嫩的金枪鱼，集人气与美味于一身，动手做出来去唤醒沉睡的味蕾吧!

主料

胡萝卜2根 | 金枪鱼罐头150克（带罐头汁）

辅料

球生菜50克 | 熟白煮蛋1个 | 香甜口味沙拉酱3汤匙

—————— 烹饪秘笈 ——————

胡萝卜片不要蒸得太久，否则太软烂，搅拌时容易碎。

唤醒沉睡的味蕾

胡萝卜金枪鱼沙拉

🕐 烹饪时间　25分钟

🔥 难易程度　低级

做法

❶ 胡萝卜洗净、去皮，切成厚约2毫米的片，放入蒸锅中蒸熟。

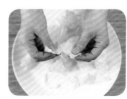

❷ 球生菜洗净，撕成小块。

❸ 熟白煮蛋横向切成厚约3毫米的片。

营养贴士

金枪鱼肉低脂肪、低热量，富含优质蛋白质，有美容、减肥的作用，是现代女性理想的食物选择。

❺ 将蒸熟的胡萝卜片、球生菜块、白煮蛋片摆入容器中。

❻ 倒入金枪鱼罐头，均匀地淋入沙拉酱即可。

方便的早餐
胡萝卜口袋饼

🕐 烹饪时间　2小时

🔥 难易程度　中级

特色

胡萝卜汁和面，做成像小口袋一样的饼，装入几种蔬菜，
特别适合当早餐，即使来不及吃，带走也方便。

做法

❶ 胡萝卜洗净，去皮，切成小块，放入料理机中打成汁。

❷ 向胡萝卜汁中加入蜂蜜和酵母粉，静置5分钟待酵母粉溶化。

❸ 把胡萝卜汁分次缓慢倒入面粉中，边倒边和面并揉搓面粉，至面粉形成光滑的面团。

❹ 将面团包上保鲜膜，发酵至2倍大。

❺ 发酵好的面团撒入少许面粉揉挤排气，平分成4个等量小面团，再将小面团擀成厚约1厘米的圆形口袋饼坯，再发酵10分钟。

❻ 番茄、黄瓜分别洗净、切片。

❼ 平底锅中倒入少量植物油，烧至七成热时放入口袋饼，待充分膨胀后翻另一面继续烘熟。

❽ 口袋饼从中间开口，将所有蔬菜及圆火腿片分成等量4份，分别夹入口袋饼内，均匀淋入黄芥末酱即可。

主料

| 胡萝卜 | 2根 |
| 面粉 | 150克 |

辅料

生菜	4片
圆火腿片	4片
番茄	半个
黄瓜	半根
黄芥末酱	2汤匙
植物油	2汤匙
酵母粉	2克
蜂蜜	1汤匙

—— 烹饪秘笈 ——

擀好的口袋饼要再次醒面膨胀，并盖好屉布防止风干。

口袋饼还可以用烤箱来烤熟，口感更脆。

营养贴士

胡萝卜中含有一种特殊的木质素，它能提高人体巨噬细胞的能力，增强免疫力，预防感冒。

一扫而光

黄豆芽焖面

🕐 烹饪时间　**35分钟**

🔥 难易程度　**低级**

特色

黄豆芽爱好者的福音，五花肉的油香
浸润在黄豆芽上，加点面条焖煮收
汁，味浓鲜香，建议多准备一些食
材，因为很快就会被一扫而空！

做法

❶ 猪五花洗净、切片，放入生抽、料酒、淀粉搅匀腌制20分钟。

❷ 黄豆芽洗净，浸泡在清水中10分钟，使用时捞出，沥干水分。

❸ 香葱去根、洗净、切碎；蒜去皮、切末。

❹ 炒锅中倒入植物油，烧至七成热时放入香葱碎爆香，再加入猪五花肉片炒至变色。

❺ 随后倒入酱油，加入黄豆芽翻炒5分钟。

❻ 向锅中倒入没过黄豆芽1厘米的清水煮开，盖好锅盖，大火焖煮至汤汁与黄豆芽齐平，加入适量盐调味。

❼ 再将细面条抖散平铺在汤汁上，加盖转中小火焖煮至汤汁快要收干时，撒入蒜末，再焖煮40秒，关火。

❽ 关火后，用筷子将面条与黄豆芽拌匀即可。

主料

长黄豆芽	100克
细面条	250克

辅料

猪五花肉	100克
生抽	2汤匙
料酒	2汤匙
淀粉	1克
植物油	2汤匙
香葱	1根
酱油	2汤匙
蒜	5瓣
盐	适量

~~~ 烹饪秘笈 ~~~

焖面时要时刻关注汤汁的变化，用小火来焖，避免煳锅。

汤汁的多少决定面条的软硬程度，汤汁收干后如果觉得面条有些干硬，可以再加适量清水焖煮第二次。

营养贴士

黄豆芽是维生素与膳食纤维的良好来源，其味道鲜美，营养丰富，做汤做菜都好吃。

太鲜了，喝不够

黄豆芽猪排汤

🕐 烹饪时间　2小时

🔥 难易程度　低级

特色

总用黄豆芽炒菜，煲汤还没试过呢。与猪排骨煲汤，清香鲜美，回味无穷，以前怎么没有发现呢？

做法

❶ 猪排骨洗净、斩小块，浸泡在清水中30分钟。

❷ 长黄豆芽洗净，浸泡在清水中20分钟，泡好后沥干水分；姜洗净、去皮，切成厚约2毫米的片。

❸ 烧开一小锅水，捞出猪排骨，放入开水中余烫2分钟，捞出后冲去浮沫。

❹ 把猪排骨、姜片一同放入砂锅，倒入料酒，大火煮开后转小火煲50分钟。

❺ 再将长黄豆芽放入锅中，小火继续煲30分钟。

❻ 最后加入适量盐调味即可。

主料

长黄豆芽	100克
猪排骨	400克

辅料

料酒	3汤匙
姜	3克
盐	适量

~~~ 烹饪秘笈 ~~~

浸泡长黄豆芽时挑拣一下豆壳皮，避免影响口感。

营养贴士

黄豆芽含维生素C，可抑制黑色素的形成，有助于面部淡斑、祛斑，有美容养颜的作用。

吃素也很美

杏鲍菇炒玉米粒

🕐 烹饪时间　25分钟

🔥 难易程度　低级

特色

看着食材挺多，其实做起来很容易。所有食材一起下锅翻炒，加点调味品出锅，最适合家里来客人时烹饪，看着丰盛，操作又简单，就算是全素吃着也很美。

做法

❶ 杏鲍菇洗净、切丁。

❷ 胡萝卜洗净，去皮，切丁。

❸ 淀粉中加入少许清水，调成水淀粉。

❹ 炒锅中倒入植物油，烧至七成热时放入杏鲍菇丁、胡萝卜丁，中火翻炒3分钟。

❺ 再加入熟玉米粒快炒2分钟，随后放入白糖、黑胡椒粉、适量盐调味。

❻ 最后倒入水淀粉勾芡，撒入熟松子仁搅匀即可。

主料

熟玉米粒	200克
杏鲍菇	80克

辅料

胡萝卜	半根
植物油	3茶匙
黑胡椒粉	1克
白糖	1/2茶匙
淀粉	1/2茶匙
盐	适量
熟松子仁	1茶匙

—— 烹饪秘笈 ——

如果选择生玉米粒，可以提前焯水，避免熟度不均匀，但要沥干水分。

—— 营养贴士

杏鲍菇最重要的成分是多糖类物质，能有效降低胆固醇，增强免疫力，与玉米一起食用能为身体补充全面的营养。

CHAPTER 3 清新·橙黄色

清而不腻，鲜而不腥

玉米胡萝卜猪蹄汤

🕐 烹饪时间　1小时40分钟

🔥 难易程度　低级

特色

辛苦一周，胃也疲惫了。在闲暇的周末买只猪蹄，加点玉米、胡萝卜小火慢煲，犒劳一下自己。胃口好，身体才好！

主料

猪蹄	1个
甜玉米	2根
胡萝卜	1根

辅料

料酒	3汤匙
姜	3克
盐	适量

做法

❶ 猪蹄拔掉未褪净的毛，洗净后剁成小块，浸泡在清水中30分钟。

❷ 甜玉米洗净，切成长约3厘米的段。

❸ 胡萝卜洗净，去皮，切成滚刀块。

❹ 姜洗净，去皮，切成厚约2毫米的片。

❺ 将浸泡好的猪蹄块放入开水中氽烫3分钟，捞出，用清水冲去浮沫。

❻ 将除盐以外的所有材料一起放入汤锅中，加入适量清水，大火煮开后转小火煲1小时，出锅前加盐调味即可。

~~~ 烹饪秘笈 ~~~

甜玉米和胡萝卜提前入锅汤汁浓郁，香甜软糯，后入锅口感偏脆嫩。

这道汤即使不放盐，汤汁也香甜可口。

 营养贴士

猪蹄的脂肪含量比普通肉类低，更多的是胶原蛋白，能增强皮肤的弹性与韧性，延缓衰老。

CHAPTER 3 清新·橙黄色

美味挡

玉米培根比萨

🕐 烹饪时间　1小时50分钟

🔥 难易程度　中级

特色

焦脆的玉米粒，满满的一层培根，长长的奶酪拉丝，脆脆的比萨饼，这样一块根本不够吃嘛！

做法

❶ 面粉中磕入鸡蛋，加入酵母粉搅拌一下，再分多次倒入少量温水揉面，揉成干湿适中的光滑面团。

❷ 面团包裹上一层保鲜膜，发酵至2倍大。

❸ 胡萝卜洗净，去皮，切碎；培根切丁。

❹ 取一个8寸圆形烤盘，烤盘表层涂上5克橄榄油。

❺ 将发酵好的面团撒入少量干粉，擀成烤盘大小的圆形饼坯，将饼坯铺在烤盘上，修整掉周边多余的面皮。

❻ 用叉子在饼坯上叉一些透气孔，将剩余的10克橄榄油涂抹在饼坯上，然后均匀地抹上番茄酱。

❼ 随后依次撒入培根丁、胡萝卜碎、熟玉米粒，最后撒入马苏里拉奶酪碎，覆盖住下面的食材。

❽ 烤箱180℃上下火预热3分钟，将比萨放入烤箱内，烤25分钟，至奶酪呈金黄色即可。

主料

熟玉米粒	20克
培根	6片
胡萝卜	半根
面粉	120克

辅料

鸡蛋	1个
酵母粉	2克
番茄酱	3汤匙
马苏里拉奶酪碎	110克
橄榄油	15毫升

--- 烹饪秘笈 ---

饼坯不要擀得太薄，否则经过烘烤会很硬。

铺饼坯前要在烤盘上刷一层油，预防把饼坯粘破。

--- 营养贴士 ---

玉米中含有一种抗癌因子——谷胱甘肽，它可与人体内多种致癌物质结合，能使这些物质失去致癌性。

满口香甜，暖到心窝里

玉米南瓜土豆泥

🕐 烹饪时间　30分钟

🔥 难易程度　低级

主料

玉米粒120克｜南瓜150克｜土豆80克

辅料

奶酪片2片｜胡椒粉1克｜蜂蜜适量盐1克

做法

❶ 南瓜、土豆分别洗净、去皮，切成小块，放入蒸锅中蒸熟。

❷ 玉米粒冷水入锅，大火煮开至熟，捞出后沥干水分。

❸ 将熟南瓜块、土豆块、玉米粒一同放入搅拌机中，加入奶酪片、胡椒粉、盐稍微搅打一下。

❹ 打好的玉米南瓜土豆泥一起盛出，淋入适量蜂蜜即可。

—— 烹饪秘笈 ——

搅打的泥糊不要太碎，有明显颗粒时最好。

营养贴士

玉米、南瓜均富含胡萝卜素，其在人体内转化为维生素A，对上皮组织的生长分化、维持正常视觉、促进骨骼的发育具有重要生理功能。

特色

玉米汁,总是自带一股魔力。奶香浓郁、清甜可口,喝一口沾在唇边不忍擦去,干完这杯想要一瓶。

主料

甜玉米粒250克 | 牛奶200毫升

辅料

枸杞子15粒 | 白砂糖1茶匙 | 坚果碎2克 | 蜂蜜适量

自带魔力

奶香蜂蜜玉米汁

🕐 烹饪时间　30分钟

🔥 难易程度　低级

---- 烹饪秘笈 ----

打玉米汁时,可根据自己喜好的浓稠度加入适量清水。

使用熟玉米粒操作更快捷。

营养贴士

牛奶中的蛋白质是全蛋白,能增强身体机能,是老少皆宜的营养食品。同玉米打成汁,香甜美味、营养更全面。

做法

❶ 甜玉米粒洗净,冷水入锅,大火烧开至煮熟,捞出,沥干水分备用。

❷ 枸杞子洗净备用。

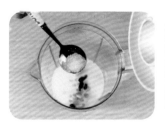

❸ 将熟玉米粒、枸杞子、牛奶、白砂糖一同放入料理机,加入少量清水,打成细腻的浓汁。

❹ 打好的玉米汁盛出,撒入坚果碎,淋入蜂蜜即可。

健康无负担

玉米松饼

🕐 烹饪时间　**30分钟**

🔥 难易程度　**低级**

特色

当下比较流行吃粗粮，做饭的比例逐渐调为粗多精少，例如这道玉米松饼，细腻的玉米面再加少许面粉，和面时倒入少许牛奶，做出来的松饼奶香味十足，当减脂餐也不错哦！

主料

细玉米面 80克 ｜ 面粉30克 ｜ 鸡蛋2个

辅料

泡打粉2克 ｜ 白糖1茶匙 ｜ 牛奶80毫升

做法

❶ 将面粉、白糖、泡打粉放入玉米面中，磕入鸡蛋，搅拌均匀。

❷ 再向玉米面中倒入牛奶，顺时针方向搅拌成细腻的面糊，待面糊用筷子轻松挑起滑落即可。

❸ 取平底锅，无需放油，每次向锅中倒入等量面糊，待其自然流动成圆形。

❹ 用小火来烘，待烘至松饼表面出气泡时可翻另一面，烘熟即可。

— 烹饪秘笈 —

向玉米面中加入牛奶，边倒边搅拌面糊，待面糊浓稠度合适即可，若面糊浓稠可加牛奶或者温水调节。

  营养贴士

玉米面富含膳食纤维，有助于加速身体新陈代谢，促进肠道蠕动，排出体内毒素。

南瓜燕麦粥

🕐 烹饪时间　35分钟

🔥 难易程度　低级

特色

美好的清晨来碗这样的快手粥，简单营养，集甜、香、软、糯于一身，喝一碗，开启新的一天！

主料

南瓜250克

辅料

即食燕麦片25克 ｜ 牛奶200毫升 ｜ 枸杞子10粒

烹饪秘笈

南瓜泥倒入牛奶后，根据实际浓稠度再加入适量清水。

可以先将南瓜块放入锅中煮软烂，再放入即食燕麦片，省去打南瓜泥的步骤。

营养贴士

燕麦片是低热量食品，含膳食纤维，能减少肠道对脂肪的吸收，长期食用有助于减肥。

做法

❶ 南瓜洗净，去皮、切块，放入蒸锅中蒸熟。

❷ 枸杞子洗净备用。

❸ 蒸熟的南瓜块放入料理机中搅打成细腻的南瓜泥。

❹ 南瓜泥倒入粥锅中，加入牛奶和适量清水，中火煮开。

❺ 向锅中加入即食燕麦片搅匀，调中小火熬煮3分钟。

❻ 最后放入枸杞子点缀，即可关火。

为你准备的健身餐

素炒南瓜

🕐 烹饪时间　25分钟

🔥 难易程度　低级

特色

减肥吃什么？这个素炒可以有，香甜的南瓜、清香的百合、翠绿的芦笋、鲜美的海鲜菇，成就营养健康的一餐，减脂瘦身就吃它吧。

做法

❶ 干百合洗净，提前一晚浸泡在清水中。

❷ 南瓜洗净，去皮、去子，切成宽约4厘米、厚约2毫米的片；海鲜菇去根洗净，切段；芦笋洗净，去皮，切段。

❸ 海鲜菇段、南瓜片、芦笋段分别焯水3分钟，捞出过冷水，沥干水分。

❹ 淀粉中加入蚝油、适量清水调成蚝油水淀粉。

❺ 炒锅中倒入植物油，烧至七成热时放入百合炒至透明，再加入芦笋段翻炒3分钟。

❻ 随后放入南瓜片和海鲜菇段快炒2分钟，加适量盐调味，最后倒入蚝油水淀粉勾芡即可。

主料

| 南瓜 | 200克 |

辅料

干百合	10克
海鲜菇	30克
芦笋	6根
淀粉	1/2茶匙
蚝油	2茶匙
植物油	3汤匙
盐	适量

—— 烹饪秘笈 ——

干百合换成鲜百合可省去泡发时间。

芦笋去掉表皮，口感更清脆。

芦笋段焯水时间可以久一些，避免有生涩味。

营养贴士

海鲜菇富含18种氨基酸，低脂低热量，是减肥佳品。南瓜富含钴元素，钴能促进人体新陈代谢，并参与人体内维生素B_{12}的合成，是人体胰岛细胞所必需的微量元素。

真想吃个痛快
南瓜鸡腿焖饭

🕐 烹饪时间　1小时
🔥 难易程度　中级

特色

一年中只有秋季是南瓜收获的季节，选取一块金黄香甜的南瓜，配上香滑细嫩的鸡腿，和大米一起放入电饭煲中，有肉有菜有饭，这样吃才香！

做法

❶ 鸡腿洗净，除去鸡腿骨，将鸡腿肉切成小块，加入30毫升酱油、料酒、胡椒粉、适量盐腌制20分钟。

❷ 南瓜洗净、去皮、切丁；洋葱去皮、切丁；香菇、香葱分别洗净，去根、切碎。

❸ 炒锅中倒入植物油，烧至七成热时加入洋葱丁炒香，随后放入鸡腿肉炒至金黄色，下入南瓜丁翻炒3分钟。

❹ 再放入香菇碎和熟青豆翻炒3分钟，加入白糖和适量盐炒匀。

❺ 大米淘净放入电饭煲内，加入炒好的南瓜鸡腿肉丁，均匀淋入剩余酱油，加适量清水，启动焖饭程序。

❻ 待饭焖好后，用木铲搅拌均匀，撒入葱花即可。

主料	
南瓜	200克
鸡腿	2个
大米	180克

辅料	
洋葱	25克
香菇	3朵
香葱	1根
熟青豆	15克
酱油	60毫升
料酒	3汤匙
胡椒粉	1克
植物油	3汤匙
白糖	1/2茶匙
盐	适量

—— 烹饪秘笈 ——

南瓜和香菇会出水，因此焖饭时加水量要比平时少一些。

为防止食材的熟度不均匀，蔬菜、肉类需要提前炒一下，这样也会更入味。

营养贴士

鸡腿中的蛋白质易被人体吸收，南瓜中的多糖能提高身体免疫力，两者搭配食用，有助于强身健体。

五谷丰登聚宝盆

南瓜八宝饭

🕐 烹饪时间　1小时20分钟
🔥 难易程度　中级

特色

传统的八宝饭是节日和待客佳品，各地食材配方大同小异，可以煮粥也能蒸饭，这道八宝饭是在南瓜盅里蒸熟的，南瓜的清香融进饭里，香甜软糯，再淋点蜂蜜，老少皆宜。

做法

❶ 八宝米洗净，提前隔夜浸泡在清水中。

❷ 南瓜洗净，在顶部1/4处切下做盖，剩余3/4挖空瓜瓤和子做盅。

❸ 葡萄干洗净，泡在清水中。

❹ 将八宝米放在蒸锅里大火蒸30分钟，至各种豆子熟透。

❺ 蒸好的八宝米装在南瓜盅里，按紧压实，最上面摆好葡萄干和蜜枣。

❻ 南瓜盖盖回南瓜盅固定，放入蒸锅中，大火蒸30分钟，蒸好后掀开南瓜盖，淋入蜂蜜即可。

主料

南瓜	1个
混合八宝米	150克

辅料

葡萄干	10克
蜜枣	30克
蜂蜜	适量

～～～ 烹饪秘笈 ～～～

八宝米选五谷杂粮混合的，使用起来方便又节省时间。

蒸八宝米和南瓜一定要大火，时间充裕，保证食材能够完全熟透。

挖下来多余的南瓜可以切碎和八宝米混合一起蒸熟。

这种做法是甜口的，喜欢咸口的可以加一些腊肠、培根、适量盐等。

营养贴士

南瓜中的锌是人体生长发育不可缺少的营养元素。八宝米包含几种粗粮、豆类及坚果等，有助于健脾养胃、减肥降脂。

CHAPTER 3 清新·橙黄色

自己动手做甜品

奶香南瓜派

🕐 烹饪时间　1小时30分钟

🔥 难易程度　高级

特色

外面的甜品含糖量高，总吃容易发胖，推荐给你一款奶香南瓜派，外酥内香，奶味浓郁，自己动手做的吃起来才安心。

做法

❶ 向低筋面粉中加入黄油、10克糖粉，用手揉搓成颗粒状。

❷ 再向面粉中加入1个鸡蛋和牛奶，搅匀，揉搓成光滑的面团，包上保鲜膜，放入冰箱冷藏35分钟。

❸ 南瓜洗净，去皮，切块，放入蒸锅中蒸熟。

❹ 蒸熟的南瓜块放入料理机中，加入1个鸡蛋、淡奶油和剩余糖粉，搅打成细腻的南瓜泥。

❺ 取一个圆形烤盘，刷一层黄油，筛少许面粉。

❻ 将面皮擀成厚约5毫米的圆形派皮，铺在烤盘中，去掉周边多余的派皮，把南瓜泥倒在派皮上。

❼ 烤箱提前180℃上下火预热3分钟，放入装有南瓜派的烤盘，先180℃上下火烤15分钟，再转160℃上下火烤15分钟。

❽ 最后在烤好的南瓜派上均匀撒上椰蓉点缀即可。

主料

| 南瓜 | 220克 |
| 低筋面粉 | 130克 |

辅料

黄油	60克
鸡蛋	2个
糖粉	30克
牛奶	80毫升
淡奶油	120克
椰蓉	适量

—— 烹饪秘笈 ——

南瓜泥倒在派皮上不要倒得太满，如果有多余的南瓜泥可留做他用。

面皮铺在烤盘上，用叉子戳出一些透气孔。

搅打好的南瓜泥可以过筛，口感更细腻。

 营养贴士

南瓜含有果胶，能减缓胃肠道对糖分、胆固醇的吸收速度，调节身体健康，是减肥佳品。

华丽变身

黄椒焗饭

🕐 烹饪时间　35分钟

🔥 难易程度　低级

特色

黄椒颜色那么漂亮，不好好利用太可惜了，先做成盅再撒入食材，放烤箱烘烤，立刻华丽变身，即使一个人的饭，也要很丰盛！

做法

❶ 黄椒洗净，在有蒂那端1/4处切下做盖子，剩余的3/4去子、去蒂做盅。

❷ 洋葱去皮、切丁；培根切丁。

❸ 炒锅中倒入橄榄油烧至五成热时，加入洋葱丁和培根丁炒香，再下入熟玉米粒翻炒2分钟。

❹ 随后加入剩米饭、黑胡椒粉和适量盐炒匀。

❺ 将炒好的米饭分成两等份装入两个黄椒盅内，在上面撒入马苏里拉奶酪碎各15克，盖好盖子。

❻ 烤箱180℃预热3分钟，取出烤盘放入黄椒盅，放回烤箱180℃烤20分钟即可。

主料

黄椒	2个
剩米饭	220克

辅料

洋葱	20克
培根	1片
熟玉米粒	10克
橄榄油	25毫升
黑胡椒粉	1克
马苏里拉奶酪碎	30克
盐	适量

—— 烹饪秘笈 ——

辅料中加入青豆、胡萝卜、坚果等食材也不错，可以随心搭配，根据实际情况适当减少或增加米饭用量。

营养贴士

黄椒中的黄椒素能加速脂肪分解，起到降脂减肥的作用，日常健身或保持身材吃黄椒是不错的选择。

久久不能忘怀的鲜味

韭黄带鱼羹

🕐 烹饪时间　40分钟

🔥 难易程度　低级

特色

带鱼与韭黄做汤羹，每一段韭黄中都充斥着带鱼的鲜味，再加点白醋提鲜去腥，那鲜美让人久久不能忘怀。赶紧学起来！

主料

韭黄	100克
带鱼段	100克

做法

❶ 带鱼洗净，去鳍、去鳞，剔去鱼骨，切成小丁。

❷ 向带鱼丁中加入生抽、料酒、1克胡椒粉、少许盐，腌制20分钟。

❸ 韭黄择洗净，切小段；姜去皮，切末；香葱去根，洗净，切碎。

❹ 鸡蛋打散成鸡蛋液；淀粉中加少许清水调成水淀粉。

❺ 锅中倒入植物油，烧至六成热时加入姜末爆香，再放入带鱼丁炒至金黄色，然后倒入适量清水，大火煮开。

❻ 水开后调中火继续煮10分钟，下入韭黄段再煮3分钟，淋入水淀粉搅拌均匀。

❼ 随后淋入鸡蛋液，倒入白醋搅匀。

❽ 最后撒入香葱碎、剩余胡椒粉和适量盐调味即可。

辅料

鸡蛋	1个
生抽	1汤匙
料酒	1汤匙
白醋	1汤匙
香葱	1根
淀粉	2茶匙
植物油	2汤匙
胡椒粉	2克
姜	2克
盐	适量

～～～ 烹饪秘笈 ～～～

带鱼鱼骨一定要剔干净，避免喝汤时被卡到。

边倒水淀粉边搅拌，时刻观察汤的浓稠度，水淀粉最好偏稀一点，后面加入鸡蛋液可以增加汤的稠度。

CHAPTER 3 清新·橙黄色

营养贴士

带鱼富含人体必需的多种矿物质元素及维生素，是较理想的滋补食品，韭黄又是温补的蔬菜，这道汤羹适合滋补身体、提振精神。

韭黄虾仁滑蛋盖面

🕐 烹饪时间　45分钟

🔥 难易程度　低级

特色

盖饭常吃，盖面少见，其实烹饪
方式大同小异，学会了这个盖
面，韭黄虾仁滑蛋这道菜也就会
做了，真是一举两得！

做法

❶ 虾仁去沙线，洗净，加入1汤匙生抽、料酒、胡椒粉、少许盐，腌制20分钟。

❷ 韭黄洗净、切段；香葱去根，洗净，切碎。

❸ 鸡蛋磕入碗中，加少许盐，打散成鸡蛋液。

❹ 细面条放入开水中煮熟，捞出，过温水，沥干水分，加入橄榄油和少许盐拌匀，整理在盘中。

❺ 炒锅中倒入1汤匙植物油，烧至三成热时放入鸡蛋液炒散，呈金黄色时盛出。

❻ 再向炒锅中倒入剩余植物油，烧至六成热时放入虾仁炒至变色，随后下入韭黄段快炒1分钟，加入剩余生抽和适量盐调味。

❼ 再将炒散的鸡蛋倒回炒锅中翻炒片刻，撒入香葱碎调味，随后将炒好的韭黄虾仁滑蛋倒入面条上即可。

主料

| 韭黄 | 100克 |
| 细面条 | 250克 |

辅料

虾仁	8只
鸡蛋	2个
生抽	2汤匙
料酒	1汤匙
胡椒粉	1克
橄榄油	1汤匙
植物油	3汤匙
香葱	1根
盐	适量

~~~ 烹饪秘笈 ~~~

韭黄易软烂，需要大火快炒。

沥干水分的面条加入橄榄油可防粘，拌起来更方便。

营养贴士

韭黄含有丰富的膳食纤维，可以把消化道中的垃圾包裹起来排出体外，预防便秘，有"洗肠草"之称。

韭黄虾仁馄饨

🕑 烹饪时间　1小时

🔥 难易程度　中级

特色

用虾仁包的馄饨或饺子我都爱，再放些有辛香气味的韭黄，肚子饿的时候就想念这一口。吃一个馄饨，喝一口紫菜虾皮汤，美味！

做法

❶ 鸡蛋打入猪肉糜中，加入生抽、料酒、淀粉、适量盐，顺时针搅拌上劲。

❷ 韭黄择洗净，切碎；姜去皮，切末；香菜去根，洗净，切末。

❸ 虾仁去沙线，洗净，每个虾仁切成两半。

❹ 虾皮冲净，浸泡在清水中10分钟，使用时捞出沥干。

❺ 将韭黄碎、姜末、虾仁放入猪肉糜中，撒入五香粉和适量盐，搅拌均匀成馅料。

❻ 取一张馄饨皮，放入一点馅料，用手包起来捏紧。

❼ 锅中烧开适量清水，下入虾皮煮5分钟，再放入馄饨煮至熟。

❽ 将香菜末、即食紫菜、少许盐放入耐热的碗中，捞入煮熟的馄饨，浇上八分满的馄饨汤搅匀即可。

主料

韭黄	100克
猪肉糜	100克
虾仁	12只
馄饨皮	30片

辅料

鸡蛋	1个
生抽	1汤匙
料酒	1汤匙
淀粉	1茶匙
姜	2克
五香粉	1/2茶匙
虾皮	10克
即食紫菜	5克
香菜	1根
盐	适量

—— 烹饪秘笈 ——

如果馄饨皮不好捏，可以沾少许清水。

包馄饨时，每个馄饨中放入半个虾仁最好吃。

如果不是即食紫菜，要与馄饨一同入锅煮。

营养贴士

韭黄含有挥发性精油，散发出的辛香气味能增进食欲，促进消化。虾仁中的虾青素是一种抗氧化剂，有抗衰老、抗肿瘤、增强免疫力等功效。

香拌黄花菜

🕐 烹饪时间　30分钟

🔥 难易程度　低级

特色

黄花菜味道鲜美，但时令季节短，而干黄花菜想吃就吃，清新爽口，厨房小白可以做这样一道凉拌菜来展现厨艺，绝对不会出卖你的真实水平！

做法

❶ 干黄花菜、干木耳分别冲净，在清水中泡发，泡发后洗掉杂质，木耳去根、撕成小朵。

❷ 金针菇去根，洗净，撕成小缕；胡萝卜去皮，洗净，切成丝。

❸ 黄瓜洗净，切丝；小米椒洗净，去蒂，切碎；香菜去根，洗净，切末；蒜去皮，切末。

❹ 烧一小锅开水，分别放入泡发的黄花菜、木耳、金针菇、胡萝卜丝，汆烫至熟，捞出沥干水分备用。

❺ 生抽、蚝油、米醋、蒜末、小米椒末、香油、白糖、盐混合调成酱汁。

❻ 将焯过水的黄花菜、金针菇、胡萝卜丝、木耳及黄瓜丝放入同个容器中，浇上酱汁，撒上香菜末调味即可。

营养贴士

黄花菜含有卵磷脂，对增强和改善大脑功能有重要作用，被称为"健脑菜"。

主料

干黄花菜	45克
干木耳	5克
金针菇	40克
胡萝卜	半根
黄瓜	半根

辅料

小米椒	2根
生抽	2汤匙
蚝油	1汤匙
米醋	1汤匙
白糖	1/2茶匙
香油	1/2茶匙
蒜	3瓣
香菜	1根
盐	适量

CHAPTER 3 清新·橙黄色

— 烹饪秘笈 —

鲜黄花菜中含有秋水仙碱，进入人体后会产生毒性，如果选择应季的鲜黄菜花，需要清理干净花蕊，再用开水焯过，然后用清水浸泡2小时以上再进行炒食。

焯过水的蔬菜过一下冰水，口感更脆嫩。

焯烫蔬菜时可以撒入少许盐，更容易入味。

喷香下饭

黄花菜炒腊肉

⏱ 烹饪时间　30分钟

🔥 难易程度　低级

特色

这个组合奇怪吗？吃一口你就沦陷了！黄花菜清脆有韧性，沾满了腊肉的香气，加上咸鲜紧实的腊肉，喷香下饭，试过你就会来谢我的！

主料

干黄花菜55克｜腊肉200克

辅料

青椒半个｜植物油2汤匙｜蒜苗1根
生抽1汤匙｜白糖2克｜盐少许

做法

❶ 干黄花菜冲洗一下，放在清水中泡发，泡出杂质。

❷ 泡好的黄花菜放入开水中氽烫5分钟捞出，过冷水浸泡10分钟，使用时提前捞出，沥干水分。

❸ 青椒去蒂、去子，洗净，切丝；蒜苗去根，洗净，切成2厘米的段。

❹ 腊肉切成厚约1毫米、宽约2厘米的片。

❺ 炒锅中放入植物油，烧至六成热时放入腊肉片煸炒至变色、油脂析出，再放入蒜苗炒香。

❻ 随后放入焯过水的黄花菜翻炒3分钟，再下入青椒丝炒1分钟，最后加入生抽、白糖、盐调味，炒匀即可。

— 烹饪秘笈 —

不要放太多植物油，因为腊肉煸炒的过程中会析出油脂。

营养贴士

黄花菜中的有效物质能显著降低血清胆固醇的含量，可作为高血压患者的保健蔬菜。

4
CHAPTER

浓郁·黑紫色

黑紫色蔬菜

质朴浓郁　愉悦心情　调节视觉

浓郁香菇酱

🕐 烹饪时间　30分钟

🔥 难易程度　低级

特色

香菇酱醇厚浓香，能够吊起你的食欲。多烹饪一些放在密封罐中，炒菜时可以做调味品，拌饭拌面也不错，还能做蔬菜蘸酱，简直太实用了！

做法

❶ 鲜香菇洗净，去蒂，切丁。

❷ 香葱去根，洗净，切碎；姜去皮，切末。

❸ 炒锅中倒入植物油，烧至六成热时放入香葱碎、姜末炒香，再下入猪肉糜炒至变色。

❹ 随后加入香菇丁炒软，再倒入郫县豆瓣酱炒出红油。

❺ 接着放入海天豆瓣酱，不断搅拌翻炒3分钟，加入少量热水，熬至有气泡产生。

❻ 关火后撒入熟白芝麻调味即可。

主料

鲜香菇	200克
猪肉糜	150克

辅料

植物油	3汤匙
香葱	2根
姜	3克
郫县豆瓣酱	50克
海天豆瓣酱	80克
熟白芝麻	适量

~~~ 烹饪秘笈 ~~~

下入酱之后要保持小火翻炒。

熬制香菇酱的过程中，会有气泡产生溅出，要防止烫伤。

放少量热水熬制，可以中和香菇酱中的油脂。

营养贴士

香菇含多种维生素及矿物质，有助于促进身体的新陈代谢。猪肉糜为香菇酱提供香气，在增进食欲的同时也提供更全面的营养。

一口一个真过瘾

酿香菇

🕐 烹饪时间　50分钟

🔥 难易程度　中级

特色

矮胖的香菇低调而富有营养，也是天然小容器，将虾滑豆腐泥装在里面上锅蒸熟，只能用鲜香美来形容，一口一个，真过瘾！

做法

❶ 鲜香菇洗净，去蒂成小碗托状。

❷ 虾仁去沙线，洗净，用刀背拍成虾滑；豆腐冲净，切成碎末；香葱去根，洗净，切碎。

❸ 将虾滑、豆腐末、生抽、料酒、蚝油、淀粉、胡椒粉、适量盐混合，一起搅拌上劲，调成虾滑豆腐馅泥。

❹ 取一个深盘，将鲜香菇托摆入盘中，在每个香菇碗托上挤入适量的馅泥。

❺ 酿好的香菇放入加了适量清水的蒸锅中，大火煮开，待上汽后蒸7分钟。

❻ 蒸好后，撒入香葱碎点缀即可。

主料

鲜香菇	8朵
虾仁	10只
豆腐	20克

辅料

生抽	1汤匙
料酒	1汤匙
蚝油	2茶匙
淀粉	1/2茶匙
胡椒粉	1克
盐	适量
香葱	1根

〜〜〜 **烹饪秘笈** 〜〜〜

蒸后的酿香菇会出很多汤汁，可以将汤汁倒回炒锅中，加调料并勾薄芡，再淋在酿香菇上，能提升口感。

CHAPTER 4 浓郁·黑紫色

营养贴士

香菇含有18种氨基酸，是补充氨基酸的首选食物，营养价值颇高，是世界第二大食用菌。

用美食温暖你

紫薯燕麦杯

🕐 烹饪时间　30分钟

🔥 难易程度　低级

特色

没有香精的味道，都是实实在在的食材，做出天然的色彩，让你在漂亮的美食面前毫无抗拒力。早餐来一杯，全天好心情！

主料

紫薯140克｜即食燕麦45克｜牛奶80毫升

辅料

酸奶50毫升｜蜂蜜3汤匙｜芒果1个｜坚果碎适量

做法

❶ 将即食燕麦浸泡在牛奶中，泡软备用。

❷ 紫薯去皮，洗净，切小块，放入蒸锅中蒸熟。

❸ 芒果去皮，去核，切成小块。

〜 烹饪秘笈 〜

紫薯糊可以装入裱花袋挤入玻璃杯中。

喜欢甜的可以多放一些蜂蜜。

❹ 将熟的紫薯块、酸奶、蜂蜜一同放入搅拌机中，打成紫薯糊。

❺ 紫薯糊与牛奶燕麦交替倒入玻璃杯中。

❻ 在最上面摆好芒果丁，放入冰箱冷藏一夜，第二天吃时撒入适量坚果碎即可。

营养贴士

紫薯富含花青素，这是一种抗氧化剂，能保护人体免受自由基的侵害，改善体内的循环系统，增进皮肤光滑度。

特色

干燥的秋季还有比吃润肺的食物更正经的事吗？滑润的银耳和软糯的紫薯熬煮出一碗香滑浓稠的汤羹，香甜可口，美容养颜，越喝越上瘾。

主料

紫薯100克 | 干银耳20克

辅料

冰糖20克 | 黑加仑干10克

～～～ 烹饪秘笈 ～～～

银耳汤熬至浓稠时再加入紫薯块和冰糖。

冰糖可以用蜂蜜来代替，汤羹凉至40℃时再加入蜂蜜。

润肺养颜

紫薯银耳羹

🕐 烹饪时间　1小时30分钟

🔥 难易程度　低级

做法

❶ 干银耳掰碎，提前2小时浸泡在清水中。

❷ 紫薯去皮，洗净，切成1厘米见方的块。

❸ 黑加仑干洗净备用。

～～～ 营养贴士 ～～～

银耳富含天然胶质，常食可以嫩肤美白，是女性理想的美容佳品。

❹ 砂锅中倒入适量清水，放入泡好的银耳，大火煮开后转小火煲50分钟。

❺ 再放入紫薯块和冰糖，小火继续煮20分钟。

❻ 关火前加入黑加仑干即可。

下饭神器

鱼香茄子煲

🕐 烹饪时间　50分钟

🔥 难易程度　中级

特色

餐桌上有这样一道鱼香茄子，会被抢得连渣都不剩。不要过油炸，用小火来煲煮，低脂健康，芳香四溢，人人都爱吃！

做法

❶ 猪肉糜中加入料酒、少许盐拌匀待用。

❷ 长茄子去蒂洗净，切成长约6厘米的条，浸泡在淡盐水中，使用前捞出沥干水分。

❸ 香葱去根，洗净，切碎；姜、蒜去皮，切末；淀粉中加少许清水调成水淀粉。

❹ 生抽、老抽、米醋、白糖、适量盐混合一起调成料汁。

❺ 炒锅中倒入30毫升植物油，烧至六成热时下入姜末爆香，再加入郫县豆瓣酱炒出红油。

❻ 随后放入猪肉糜炒至变色，再下入沥干水分的茄子条翻炒5分钟，接着倒入料汁炒匀。

❼ 取一个砂锅加热，倒入剩余植物油，放入煸炒的茄子条，加少许热水，中小火煲5分钟。

❽ 5分钟后，撒入蒜末拌匀，淋入水淀粉勾芡，撒入香葱碎调味即可。

主料

长茄子	2个
猪肉糜	100克

辅料

植物油	50毫升
蒜	6瓣
郫县豆瓣酱	70克
料酒	1汤匙
生抽	2汤匙
老抽	2茶匙
米醋	2汤匙
白糖	1茶匙
淀粉	1/2茶匙
香葱	1根
姜	3片
盐	适量

~~~ 烹饪秘笈 ~~~

茄子条放在淡盐水中浸泡，可以腌出部分水分。

茄子条转入砂锅后，用中小火煲煮一会儿，可以更好地入味。

CHAPTER 4 浓郁·黑紫色

营养贴士

茄子富含维生素E，能消除紫外线、空气污染等造成的过氧化自由基，起到防晒、延缓衰老的作用。

开胃解腻

蒜泥麻酱蒸茄子

🕐 烹饪时间　35分钟

🔥 难易程度　低级

特色

一道非常受欢迎的菜，简单快手，绵软多汁，蒸的时间要足够，但不能过火，这样口感才刚刚好。

做法

❶ 长茄子去蒂洗净，切成厚约2毫米的圆片，摆入深盘中。

❷ 香葱洗净，切碎；蒜去皮，压成蓉。

❸ 蒸锅中加适量清水烧开，在蒸屉上放入长茄子片，盖好锅盖，上汽后蒸15分钟。

❹ 芝麻酱中加入蒜蓉、生抽、白糖、蚝油、米醋、适量盐、少许纯净水，搅拌均匀成蒜蓉芝麻酱汁。

❺ 在蒸好的茄子片上均匀地淋入蒜蓉芝麻酱汁。

❻ 最后撒上香葱碎拌匀即可。

主料

长茄子	1个

辅料

芝麻酱	35克
蒜	5瓣
生抽	2茶匙
白糖	2克
蚝油	2茶匙
米醋	2茶匙
香葱	1根
盐	适量

～～～ 烹饪秘笈 ～～～

在调蒜蓉芝麻酱汁时，分多次添加少许纯净水，边加边搅拌，调至能轻松倒出的浓稠度即可。

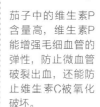

～～～ 营养贴士

茄子中的维生素P含量高，维生素P能增强毛细血管的弹性，防止微血管破裂出血，还能防止维生素C被氧化破坏。

茄子奶酪比萨

🕐 烹饪时间　1小时40分钟

🔥 难易程度　中级

特色

记得在一家意面店吃过的茄子比萨超级好吃，
但那家店太远了，不如在家烹饪。方法已为你
准备，开始做吧，你绝对不会失望！

做法

❶ 向面粉中加入白糖、适量盐、60克黄油，揉搓成颗粒状。

❷ 再向面粉中加入鸡蛋、酵母粉，分几次倒入适量温水，边加温水边揉面，揉成干湿适中的光滑面团。

❸ 将面团用保鲜膜包裹起来，发酵至2倍大。

❹ 长茄子洗净，切成小块；番茄洗净，切丁；蒜去皮，压蓉；小米椒去蒂、洗净，切细碎。

❺ 取一个8寸烤盘，烤盘上涂抹上5克黄油待用。

❻ 面团撕去保鲜膜，将面团擀成烤盘大小的饼坯，去掉周边多余的面皮，在上面涂抹剩余的黄油。

❼ 小米椒碎放入番茄酱中拌匀，涂抹在饼坯上，再依次均匀地撒入长茄子丁、蒜蓉、番茄丁及马苏里拉奶酪碎。

❽ 烤箱200℃上下火预热3分钟，放入烤盘中的比萨，烤箱200℃上下火烤25分钟至奶酪呈金黄色即可。

主料

| 长茄子 | 1个 |
| 面粉 | 120克 |

辅料

鸡蛋	1个
酵母粉	2克
番茄	半个
小米椒	2个
番茄酱	3汤匙
马苏里拉奶酪碎	130克
黄油	75克
蒜	4瓣
白糖	1茶匙
盐	适量

〜〜〜 烹饪秘笈 〜〜〜

小米椒用料理机搅打成泥更好。

撒入的奶酪碎要完全覆盖住下面的食材。

CHAPTER 4 浓郁·黑紫色

营养贴士

茄子中含有植物化学物质皂苷，其能有效降低胆固醇，改善血液流动，提高身体免疫力。

风靡街头的烤蔬菜

虾泥烤长茄

🕐 烹饪时间　50分钟

🔥 难易程度　中级

特色

风靡街头的烤长茄在家也能做，在原有版本的基础上涂抹一层虾泥，鲜香浓郁，嫩滑爽口，百吃不厌。

做法

❶ 虾仁去沙线，洗净，用刀背拍散成泥状，加入料酒、20毫升生抽，腌制20分钟。

❷ 长茄子洗净，纵向一切两半；小米椒去蒂，洗净，切碎；香葱去根，洗净，切碎；蒜去皮，压蓉。

❸ 将蒜蓉、白糖、适量盐、40毫升生抽混合，调成蒜蓉料汁。

❹ 烤箱180℃上下火预热3分钟，取出烤盘，将两半茄子平铺在烤盘中，放回烤箱180℃上下火烤5分钟。

❺ 再取出烤过的长茄子，分别涂抹上虾仁泥，淋上蒜蓉料汁。

❻ 随后放回烤箱用同样的火力再烤8分钟，烤好后取出，均匀撒入椒盐粉、孜然粉、小米椒碎、香葱碎即可。

主料

| 长茄子 | 1个 |
| 虾仁 | 10只 |

辅料

蒜	8瓣
小米椒	1根
香葱	1根
椒盐粉	2克
孜然粉	2克
生抽	60毫升
料酒	1汤匙
白糖	1/2茶匙
盐	适量

~~~ 烹饪秘笈 ~~~

长茄子先放入烤箱中不仅可以烤去大部分水分，还可以使茄子更软嫩入味。

蒜蓉可以提前炒香再调料汁，香味更浓。

~~~ 营养贴士

虾肉含有人体必需的镁元素，对促进骨骼的成长及维持骨骼的密度有重要作用。

为你开启健康生活

紫甘蓝蜂蜜汁

⏱ 烹饪时间　15分钟

🔥 难易程度　低级

特色

咦？好似葡萄汁，满满的花青素，浓浓的清新味，加点柠檬汁和蜂蜜，酸甜舒爽，早餐来一杯，为你开启健康生活！

主料

紫甘蓝250克

辅料

柠檬汁1汤匙 ┃ 蜂蜜2汤匙

——————— 烹饪秘笈 ———————

过滤一下紫甘蓝的渣，口感更爽滑，不介意有渣的可以省略此步骤。

不喜欢酸口味的可以不放柠檬汁。

做法

❶ 紫甘蓝洗净，去硬梗，切碎，放入榨汁机中榨成汁。

❷ 紫甘蓝汁过滤一下渣，倒入玻璃杯中。

❸ 向紫甘蓝汁中加入柠檬汁，搅拌均匀。

❹ 最后淋入蜂蜜即可。

营养贴士

紫甘蓝含大量膳食纤维，可排毒消脂，促进体内脂肪的燃烧，从而起到很好的减肥效果。

特色

榨汁、沙拉、炒菜、烧烤都做过了，还可以试试紫甘蓝焖饭。紫甘蓝搭配多种谷物焖出来的饭，五颜六色，既好看又营养，这就是紫甘蓝的神奇之处。

主料

紫甘蓝180克 | 大米60克 | 糙米25克 | 藜麦30克 | 小米30克

辅料

胡椒粉1克 | 橄榄油1汤匙 | 盐适量

—— 烹饪秘笈 ——

大米的比例多一些，焖出来的米饭口感细腻。

可根据自己的喜好随意调整粗粮种类。

神奇的蔬菜

紫甘蓝焖饭

🕐 烹饪时间　40分钟

🔥 难易程度　低级

营养贴士

紫甘蓝含有半胱氨酸，这是协助肝脏解毒的重要元素，常吃紫甘蓝有护肝的作用。藜麦、糙米等富含膳食纤维，饱腹感强，有助于减肥。

做法

❶ 糙米淘净，提前一晚浸泡在清水中。

❷ 紫甘蓝洗净，切碎，放入胡椒粉、橄榄油和适量盐腌制拌匀。

❸ 大米、藜麦、小米混合，淘洗净，与糙米一起放入电饭煲中。

❹ 启动电饭煲焖饭程序，煮至八成熟时，放入紫甘蓝碎拌匀，继续焖至饭熟即可。

干净卫生的家庭烧烤

香烤紫甘蓝

🕐 烹饪时间　40分钟

🔥 难易程度　低级

特色

如同烤串店里烤蔬菜那样来料理，只不过把炭火变成了烤箱，干净卫生，微软鲜甜，也不会给肠胃造成负担！

做法

❶ 紫甘蓝洗净，切成约5毫米的细丝，沥干水分；枸杞子洗净待用。

❷ 取一个烤盘，把紫甘蓝丝均匀铺在烤盘中。

❸ 向紫甘蓝丝上淋入橄榄油，搅拌均匀。

❹ 再依次均匀地撒入孜然粉、干辣椒面、适量盐，翻拌一下紫甘蓝丝。

 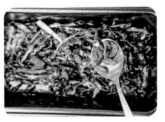

❺ 将烤盘放入烤箱内，烤箱200℃上下火烤25分钟，至紫甘蓝丝呈微焦状态。

❻ 取出烤好的紫甘蓝后撒入枸杞子即可。

主料

紫甘蓝	350克

辅料

橄榄油	2汤匙
孜然粉	2克
干辣椒面	2克
盐	适量
枸杞子	30粒

—— 烹饪秘笈 ——

紫甘蓝可以提前浸泡在淡盐水里，腌出部分水分，这样烤好后有些脆嫩感。

营养贴士

紫甘蓝含有丰富的硫元素，这种元素的主要作用是杀虫止痒，对于各种皮肤瘙痒、湿疹等疾患具有一定食疗作用，因此常吃紫甘蓝对于维护皮肤健康十分有益。

清新爽口，美不胜收

紫甘蓝香肠沙拉

🕐 烹饪时间　20分钟

🔥 难易程度　低级

特色

炎热的日子里，需要清新爽口的沙拉来犒劳自己，营养丰富的紫甘蓝和健康的鸡肉香肠搭配在一起，淋点油醋汁，清凉舒润，缓解情绪，对减肥也大有帮助哦！

做法

❶ 紫甘蓝洗净，掰成小片。

❷ 薄荷叶洗净，沥干水分。

❸ 苹果洗净，去皮，切成小薄片。

❹ 熟鸡肉香肠斜刀切成椭圆片。

❺ 将紫甘蓝片和薄荷叶混合放入盘中，之后摆入苹果片，撒入熟玉米粒。

❻ 最后放入鸡肉香肠片，淋入油醋汁即可。

主料

紫甘蓝	150克

辅料

苹果	100克
熟鸡肉香肠	80克
熟玉米粒	20克
薄荷叶	5片
油醋汁	3汤匙

—— 烹饪秘笈 ——

油醋汁可以根据自身喜好换成其他调料汁。

营养贴士

紫甘蓝中的维生素A和维生素E能让人充满活力。鸡肉香肠低脂鲜美，不会给身体带来负担。这道沙拉对身体健康十分有益。

CHAPTER 4 浓郁·黑紫色

无法抵御的美味

干锅梅菜
茶树菇

🕐 烹饪时间　40分钟

🔥 难易程度　低级

特色

茶树菇香气浓郁，特别适合做干锅，再与梅菜的咸香交融混合，一锅美味摆在眼前，怎能抵御得了？

做法

主料	
干茶树菇	100克
梅菜干	40克
腊五花肉	150克
香豆干	3块

辅料	
植物油	2汤匙
干辣椒	2根
姜	3克
蒜	5瓣
郫县豆瓣酱	2汤匙
生抽	2汤匙
白糖	1/2茶匙
香葱	1根

❶ 梅菜干提前一晚浸泡在清水中，泡出杂质和多余盐分。

❷ 泡好后的梅菜干反复冲洗三四次，拧干水分，切成长约2厘米的段。

❸ 干茶树菇择净，去掉根部，提前4小时浸泡在清水中，泡好后沥干水分。

❹ 腊五花肉切片；姜、蒜去皮，分别切末；香葱去根，洗净，切碎；香豆干切条。

❺ 锅中倒入植物油，烧至六成热时放入干辣椒、姜末、蒜末爆香，再放入郫县豆瓣酱炒出红油。

❻ 随后放入腊五花肉片煸炒，炒至微焦，加生抽翻炒，再下入茶树菇和香豆干条，炒干水分。

❼ 接着下入梅菜段继续炒干水分，撒入白糖调味。

❽ 出锅前撒入香葱碎即可。

~~~ 烹饪秘笈 ~~~

茶树菇和梅菜段都要炒干水分口感才脆嫩。

全程用大火来翻炒。

CHAPTER 4 浓郁·黑紫色

营养贴士

茶树菇中的多糖类物质有明显抗氧化作用，常食有助于美容、抗衰老。梅菜含多种氨基酸及微量元素，有很好的保健功效。

烤紫洋葱木耳馕饼

🕐 烹饪时间　1小时40分钟

🔥 难易程度　低级

特色

馕在新疆历史悠久，外焦里嫩，香脆可口，做法多种多样。这个做法是蔬菜与馕的结合版，口感多样，营养更丰富，方便携带，保存时间长。

做法

❶ 干木耳提前1小时浸泡在清水中，泡发后去根、切碎。

❷ 紫洋葱去皮，切碎，取70克紫洋葱碎放入榨汁机中榨成汁。

❸ 向面粉中加入全麦面粉、五香粉、酵母粉、适量盐搅匀，磕入鸡蛋，倒入2茶匙橄榄油和适量紫洋葱汁，和成光滑的面团。

❹ 面团用保鲜膜包裹起来，发酵至2倍大。

❺ 取8寸圆形烤盘，涂抹一层橄榄油，将面团擀成厚约5毫米、烤盘大小的饼坯，用手推出饼坯周围的厚边。

❻ 饼坯放在烤盘上，扎一些透气孔，表层涂抹剩余的橄榄油及蜂蜜。

❼ 撒入熟白芝麻、少许盐，再依次撒入木耳碎和剩余洋葱碎。

❽ 烤箱200℃预热3分钟，放入烤馕饼坯，上下火烤25分钟即可。

主料

紫洋葱	120克
面粉	150克
全麦面粉	30克

辅料

干木耳	2克
五香粉	2克
酵母粉	2克
鸡蛋	1个
橄榄油	3茶匙
蜂蜜	1汤匙
熟白芝麻	1茶匙
盐	适量

~~~ 烹饪秘笈 ~~~

撒入的白芝麻稍微按压一下，避免掉落太多。

若用紫洋葱汁和出的面太稠，可以加入少许清水。

~~~ 营养贴士 ~~~

紫洋葱含有微量元素硒，能增强细胞活力，延缓衰老。木耳铁含量丰富，有助于养血驻颜、肌肤红润。这两种食材是美容佳蔬。

紫苏豆腐饭团

🕐 烹饪时间　40分钟

🔥 难易程度　低级

特色

紫苏叶烘干碾碎、豆腐捣成泥，一起混到米饭中提升风味。稍微花点心思捏出个形状做便当，方便又快捷！

主料

紫苏叶13片｜韧豆腐40克｜熟米饭220克

辅料

黑胡椒粉2克｜橄榄油1汤匙｜盐适量

—— 烹饪秘笈 ——

韧豆腐焯烫一下，与熟米饭拌在一起，容易凝固定形。

紫苏叶水分完全沥干后再涂抹盐，或者用厨房纸吸干水分。

搅拌米饭不要放太多调味品，否则容易遮住紫苏叶本有的香气。

做法

❶ 紫苏叶洗净，沥干水分，取10片紫苏叶，表面涂抹少许盐。

❷ 平底锅中不放油，放入涂盐的紫苏叶，小火烘干碾碎。

❸ 韧豆腐放入开水中，加少许盐焯烫3分钟，捞出后捣成豆腐泥。

❹ 把紫苏叶碎、豆腐泥、黑胡椒粉、橄榄油、适量盐放入熟米饭中，搅拌均匀。

❺ 拌匀的米饭随意捏成三个喜欢的饭团形状。

❻ 再用剩余的三片紫苏叶包裹饭团即可。

营养贴士

紫苏叶富含胡萝卜素和维生素C，能增强免疫力，延缓衰老。豆腐富含蛋白质，且易消化吸收，有"植物肉"的美称。

5
CHAPTER

质洁·白色

白色蔬菜

清凉鲜嫩　素雅清纯　润肺宁神

江浙家常菜

板栗烧芋头

⏱ 烹饪时间　50分钟

🔥 难易程度　低级

特色

板栗香甜，芋头软糯，两种美味的食物搭在一起，小火焖煮至鲜糯入味，不用加饭，直接干吃就很满足。

主料

芋头5个｜板栗120克

辅料

植物油3汤匙｜胡椒粉1克｜蚝油2汤匙｜淀粉1茶匙｜香葱1根｜枸杞子15粒｜盐适量

做法

① 芋头洗净、去皮，切成板栗大小的块。

② 板栗放入开水中煮5分钟，趁热剥去壳。

③ 枸杞子洗净备用；淀粉加少许清水调成水淀粉。

— 烹饪秘笈 —

大火收汁时，要不停翻拌避免煳锅。

芋头和板栗要炖得软糯才好吃。

④ 炒锅中倒入植物油，烧至六成热时下入芋头块炒至微黄，再放入板栗炒出香气。

⑤ 向锅中加入没过食材的清水，大火煮开后转小火焖煮20分钟，加入胡椒粉、蚝油、适量盐调味。

⑥ 水淀粉倒入锅中，大火收汁，待汤汁浓稠时撒入香葱碎、枸杞子点缀即可。

营养贴士

板栗富含不饱和脂肪酸和维生素，是抗衰老、延年益寿的滋补佳品，与芋头都有健脾养胃、强身健体的作用。

特色

世上怎么能有芋头这么好吃的食物？软糯香甜，配上飘香四溢的干桂花，又有红糖增甜调味。冬天吃暖身暖胃，夏天吃清凉解暑，想想就开心。

主料

小芋头8个

辅料

红糖1汤匙｜干桂花3克｜藕粉20克

烹饪秘笈

小芋头不要蒸得太过软烂，能剥皮即可，加红糖后再煮至软糯。

冬夏两吃

红糖桂花芋头

🕐 烹饪时间　40分钟

🔥 难易程度　低级

营养贴士

芋头含有一种黏液蛋白，被人体吸收后能产生免疫球蛋白，可提高机体的抵抗力。

做法

❶ 小芋头洗净，放入蒸锅中蒸熟，剥去皮备用。

❷ 蒸熟的芋头放入砂锅中，倒入适量清水和红糖，大火烧开后转小火煮20分钟。

❸ 藕粉加少许清水稀释一下，倒入砂锅中搅匀，转大火收汁。

❹ 待汤汁浓稠时，撒入干桂花即可。

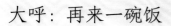

大呼：再来一碗饭

小芋头烧鸡翅

🕐 烹饪时间　1小时20分钟

🔥 难易程度　低级

特色

做这道菜所下的所有功夫都是值得的。芋头绵甜软糯，鸡翅鲜香浓郁，吃一口满嘴油香，直呼：再来一碗白米饭！

做法

① 鸡翅洗净，正反面各划两刀，加入20毫升生抽、1汤匙料酒、少许盐、挤入柠檬汁，腌制20分钟。

② 小芋头洗净，去皮，浸泡在清水中10分钟。

③ 大葱去皮，切段；姜去皮，拍扁；香葱去根，洗净，切碎；淀粉加少许清水调成水淀粉。

④ 炒锅中倒入植物油，烧至六成热时放入葱段、姜、香叶、八角炒香，随后放入冰糖炒至化开。

⑤ 放入腌好的鸡翅，煸炒至两面呈金黄色，再加入没过食材的清水，大火煮开。

⑥ 向锅中加入老抽、蚝油、剩余的生抽和料酒、适量盐调味拌匀，捞出芋头放入锅中，转小火炖煮30分钟。

⑦ 水淀粉倒入锅中，转大火收汁，待汤汁浓稠时关火。

⑧ 最后撒入香葱碎点缀即可。

—— 烹饪秘笈 ——

芋头可以提前入锅蒸或煮一下，更容易去皮。

腌鸡翅加入柠檬汁可以去除油脂和腥味，但不要加太多，以免酸味太浓。

营养贴士

芋头富含钙、磷、铁等多种营养成分，能增强人体免疫力，是一种碱性食品，有助于调节人体的酸碱平衡。

瘦身期帮你解馋

香辣卤素菜

⏱ 烹饪时间　1小时

🔥 难易程度　低级

特色

减肥的日子，肠胃最煎熬，总想吃点肉解解馋，那就吃这个卤素菜吧，能吃出肉的味道，还低脂营养，你坚持的瘦身计划也不会被打破。

做法

① 腐竹提前一晚浸泡在清水中，泡好后切成长约3厘米的段。

② 藕、白萝卜、冬瓜、土豆分别去皮，洗净，切成厚约2毫米的片。

③ 姜去皮，切片；蒜去皮，拍扁；大葱去皮，切段。

④ 香叶、八角、桂皮、花椒粒、百果、孜然粒装入纱布包中成调料包。

⑤ 锅中加入适量清水煮开，放入干辣椒、姜片、蒜瓣、大葱段、生抽、料酒、老抽、冰糖、调料包、适量盐，继续煮10分钟。

⑥ 随后一起下入素菜片及腐竹段，小火煮25分钟即可。

主料

藕	200克
白萝卜	200克
冬瓜	200克
土豆	200克
腐竹	40克

辅料

干辣椒	5个
香叶	2片
八角	2个
桂皮	2克
花椒粒	1克
百果	1个
孜然粒	2克
姜	3克
蒜	5瓣
大葱	20克
生抽	3汤匙
料酒	2汤匙
老抽	1汤匙
冰糖	40克
盐	适量

~~~~ 烹饪秘笈 ~~~~

关火后，卤好的素菜继续浸泡1小时以后再食用，味道最好。

营养贴士

藕含有鞣质，有一定健脾止泻的作用，能增进食欲，促进消化。冬瓜无脂肪，低热量，常食有助于瘦身美体。

鲜香甘甜，软糯润滑

鲍汁白萝卜

🕐 烹饪时间　50分钟

🔥 难易程度　低级

特色

秋冬季节多食白萝卜可润肺，但如何掩盖住它的辛辣味呢？增添点鲍汁，不仅能盖住白萝卜的"怪味"，还鲜香甘甜。别怀疑了，试过你就会爱上它。

做法

❶ 白萝卜洗净，去皮，切成厚约1厘米的片。

❷ 香葱去根，洗净，切碎；姜去皮，切末；淀粉中加入适量清水调成水淀粉。

❸ 炒锅中倒入植物油，烧至六成热时下入姜末爆香，再放入五花肉炒香出油。

❹ 向锅中倒入适量清水，大火煮开后放入白萝卜片，倒入鲍汁、生抽、蚝油、冰糖搅匀，再次烧开后转小火焖煮30分钟。

❺ 转大火收汁，倒入水淀粉勾芡，待汤汁浓稠时关火。

❻ 最后撒入盐和香葱碎调味即可。

主料	
白萝卜	1根

辅料	
植物油	2汤匙
猪五花肉	4片
鲍汁	3汤匙
生抽	2汤匙
蚝油	2汤匙
冰糖	20克
淀粉	1茶匙
姜	2片
香葱	1根
盐	适量

~~~ 烹饪秘笈 ~~~

五花肉无须放多，因放清水熬煮，所以煸炒五花肉可使汤汁更有味。

~~~ 营养贴士 ~~~

白萝卜中含有丰富的维生素A、维生素C等，维生素C能防止皮肤老化，阻止色斑的形成，保持皮肤白嫩。

软糯弹牙的中式点心
萝卜糕

🕐 烹饪时间　1小时40分钟

🔥 难易程度　低级

特色

这道菜特别简单，上锅蒸就可以了，非常适合做宝宝的主食，软糯鲜香，增强食欲。

做法

① 白萝卜去皮，洗净，擦成细丝，放入少量盐腌30分钟，去除白萝卜的水分。

② 鲜香菇洗净，去蒂，切碎；广味香肠切碎。

③ 黏米粉加入220毫升温水，调成粉浆。

④ 炒锅中倒入植物油，烧至六成热时加入香肠碎炒香，再放入香菇碎炒软，加白糖、胡椒粉、适量盐调味炒匀。

⑤ 腌好的萝卜丝倒出多余的水后沥干，同炒过的香肠碎、香菇碎一同放入粉浆中搅拌均匀。

⑥ 把萝卜丝粉浆倒入容器中，将表层铺平，放入蒸锅中蒸40分钟即可。

主料

白萝卜	半个

辅料

黏米粉	100克
植物油	2汤匙
广味香肠	1根
鲜香菇	4朵
白糖	1茶匙
胡椒粉	2克
盐	适量

—— 烹饪秘笈 ——

尽量多析出一些白萝卜的水分，这样蒸出的萝卜糕软硬度适中。

喜欢焦脆口感的可以把蒸好的萝卜糕切成小块，放入锅中煎至金黄即可。

营养贴士

白萝卜中的淀粉酶有助于促进肠胃消化，增强食欲，胃口不好的时候可以选择白萝卜来调节。

润肺止咳小妙招

白萝卜炖蜂蜜

🕐 烹饪时间　1小时
🔥 难易程度　低级

特色

上火咳嗽时，可将白萝卜挖空，放入枸杞子和蜂蜜蒸熟，萝卜中的水分释放出来，与蜂蜜枸杞子混合成清香甜美的汁水，既好喝又润肺止咳。

主料

白萝卜1根

辅料

枸杞子20粒 ｜ 蜂蜜60毫升

做法

❶ 枸杞子洗净备用。

❷ 白萝卜去皮，洗净，去掉两头，切成2块高约15厘米的萝卜段。

❸ 每段萝卜切下厚约5毫米的片做盖。

—— 烹饪秘笈

萝卜盅的洞挖得大一些，因为萝卜蒸时会出大量的水。

❹ 再将每段萝卜挖出瓤，做萝卜盅。

❺ 向每个白萝卜盅内分别放入10粒枸杞子和30毫升蜂蜜，盖好萝卜盖，放入深盘中固定。

❻ 蒸锅中加适量清水烧开，把萝卜盅放入蒸锅中蒸40分钟即可。

营养贴士

白萝卜含芥子油，有润肺、止咳化痰的作用。蜂蜜富含多种维生素、矿物质和有机酸，具有滋养、润燥、解毒、美白、润肠等功效，对咳嗽也有食疗作用。

特色

土豆是瘦身美体的佳蔬，再混合上玉米粒、青豆、胡萝卜，营养丰富，色泽亮丽，口感柔软绵密，特别适合减脂期享用。

主料

土豆200克

辅料

胡萝卜半根｜熟玉米粒25克｜熟青豆25克｜胡椒粉1克｜沙拉酱3汤匙

烹饪秘笈

胡萝卜是生吃的，需要切碎一些，方便咀嚼，若不喜欢生吃，可以焯水或炒熟。

营养贴士

土豆富含膳食纤维，饱腹感强，可减少肠胃对脂肪的吸收，还能排除毒素，有瘦身减肥的功效。

柔软绵密，瘦身美体

杂蔬土豆泥

🕐 烹饪时间　30分钟

🔥 难易程度　低级

做法

❶ 土豆洗净，去皮，切块，放入蒸锅中蒸熟，捣成土豆泥。

❷ 胡萝卜洗净，去皮，切碎。

❸ 把胡萝卜碎、熟玉米粒、熟青豆、土豆泥混合一起，加入胡椒粉搅匀。

❹ 最后淋入沙拉酱拌匀即可。

很受欢迎的搭配

老干妈土豆片

🕐 烹饪时间　45分钟

🔥 难易程度　低级

特色

任何一种食物加上老干妈，瞬间变成美味，更何况颇受欢迎的土豆，真是越吃越香，很快就被秒杀精光。

主料

土豆	300克

做法

❶ 土豆洗净，去皮，切片，泡在清水中30分钟，中间更换两次清水。

❷ 香葱去根，洗净，切碎；姜、蒜去皮，切末。

辅料

植物油	2汤匙
姜	2克
老干妈	3汤匙
酱油	2汤匙
白糖	1/2茶匙
蒜	5瓣
香葱	1根
盐	适量

❸ 捞出土豆片，沥干水分备用。

❹ 炒锅中倒入植物油，烧至六成热时下入姜末爆香，再倒入老干妈炒香。

--- 烹饪秘笈 ---

老干妈不要炒过火，否则会发苦。

土豆用清水浸泡去除淀粉，炒出的土豆片更清脆。

喜欢粉面口感的，可延长土豆片的炒制时间，注意不停地翻拌，避免粘锅。

❺ 随后放入土豆片大火炒熟，加酱油、白糖、盐调味炒匀。

❻ 出锅前加入蒜末焖30秒，关火后撒入香葱碎即可。

--- 营养贴士 ---

土豆是粮食作物中维生素含量最全的，低热量又耐饿，可作蔬菜也可作主食。

CHAPTER 5 质洁·白色

161

娇小可爱，喷香诱人

葱香小土豆

🕐 烹饪时间　40分钟

🔥 难易程度　低级

162

特色

小土豆娇小可爱，不用切块就可以烹饪，用少许油稍微煎一下，再加牛奶、清水小火焖煮，外皮焦黄脆嫩，奶香葱香混合，口感细腻。

做法

❶ 小土豆洗净，去皮备用。

❷ 香葱去根，洗净，切碎。

❸ 平锅中倒入植物油，烧至六成热时放入小土豆，煎至金黄色。

❹ 向锅中倒入牛奶，加入适量清水，盖好锅盖，大火烧开，转中小火焖煮20分钟。

❺ 掀开锅盖，加盐，调大火收汁。

❻ 待汤汁浓稠时撒入胡椒粉和香葱碎，淋入老干妈拌匀即可。

主料

小土豆	8颗

辅料

植物油	3茶匙
牛奶	60毫升
盐	1/2茶匙
香葱	3根
胡椒粉	2克
老干妈	1茶匙

---- 烹饪秘笈 ----

小土豆要煎至金黄微焦，口感才软糯焦香。

营养贴士

土豆是高钾低钠食物，钾含量比其他同类蔬菜要高，有消除水肿、瘦腿的功效。

CHAPTER 5 质洁·白色

清新脆嫩，垂涎欲滴

酸辣藕带

🕐 烹饪时间　20分钟

🔥 难易程度　低级

特色

按年龄来算，藕带是处于婴幼儿时期的藕，其口感清新脆嫩，放点辣椒和白醋大火快炒，必然得到一致好评。

主料

鲜藕带200克

辅料

植物油3汤匙｜蒜2瓣｜红尖辣椒6根｜白醋3汤匙｜白糖1/2茶匙｜盐适量｜香葱2根

做法

❶ 鲜藕带洗净，斜刀切成厚约2毫米的片。

❷ 香葱去根，洗净，切碎；蒜去皮，切片；红尖辣椒洗净，沥干水分。

❸ 炒锅中倒入植物油，烧至六成热时放入蒜片爆香，再放入红尖辣椒炒香。

❹ 随后放入藕带片，接着加白醋、白糖、适量盐调味，快速翻炒至藕带断生，盛入盘中，撒入香葱碎即可。

—— 烹饪秘笈 ——

买不到鲜藕带，可以用袋装的代替。

若藕带皮偏老，需要削皮。

藕带要快速翻炒，以保持脆嫩和清香。

 营养贴士

藕带富含维生素C和蛋白质，两者一起发挥效用，能促进胶原蛋白的生成，起到强健胃黏膜的作用。

特色

薄薄的藕片清甜香脆，浸入香橙的酸甜，加入干桂花的芳香，淋入清润的蜂蜜，真是别有一番风味。

主料

藕400克｜香橙2个

辅料

干桂花3克｜柠檬3片｜蜂蜜适量

烹饪秘笈

藕汆烫时间不要长，即刻放入冷水中浸泡以保持脆嫩。

藕片经过橙汁的浸泡更入味，用冰箱冷藏口感更佳。

橙香浓郁，别具风味

桂花香橙蜜藕

🕐 烹饪时间　50分钟

🔥 难易程度　低级

做法

❶ 藕去皮，洗净，切薄片，放入开水中汆烫40秒捞出，过冷水浸泡10分钟。

❷ 香橙去皮，放入榨汁机中榨成汁，橙渣与橙汁分离。

❸ 向橙汁中挤入柠檬汁、蜂蜜搅拌均匀。

营养贴士

藕中的钙、镁元素有助于除烦除燥，稳定不安的情绪，使身心放松，有安神的食疗功效。

❹ 捞出藕片摆入盘中，均匀撒入橙渣，倒入橙汁，浸泡30分钟。

❺ 待藕片入味后，撒上干桂花即可。

白白润润，清甜好喝
梨藕蜂蜜汁

🕒 烹饪时间　20分钟
🔥 难易程度　低级

特色

白白润润的一杯梨藕汁，看着清汤
寡水，实则营养丰富。秋冬季节每
天来一杯，润肺清火、滋润皮肤。

主料

藕400克｜雪花梨2个

辅料

蜂蜜适量

做法

❶ 藕洗净，去皮，切小块。

❷ 雪花梨洗净，去皮、蒂、核，切成小块备用。

❸ 将藕块、雪花梨块一同放入榨汁机中打成汁，将渣与汁分离。

❹ 过滤好的梨藕汁倒入杯中，淋入适量蜂蜜拌匀即可。

--- 烹饪秘笈 ---

若喜欢渣汁同食，可以省略过滤步骤。

雪花梨是甜的，蜂蜜要酌情添加。

原材料直接榨汁，不要加水，若食材不够适当增加即可。

营养贴士

梨与藕均可滋阴润燥，清肺去火，且肉脆多汁，在空气污染严重时每天喝一杯，能增强呼吸系统的抵御能力。

特色

这是一道再熟悉不过的家常菜。海米下锅炒香，放入清润的冬瓜，加水炖煮片刻待冬瓜软烂，吃起来既有海米的鲜美，又有冬瓜的清香。

主料

冬瓜500克 | 海米30克

辅料

植物油3汤匙 | 白糖1/2茶匙 | 盐少许 | 淀粉1/2茶匙 | 香葱1根

── 烹饪秘笈 ──

冬瓜炖煮片刻会更入味，但汁不要收得太干。

海米有咸味，盐要少放，避免过咸。

海米炒冬瓜

🕐 烹饪时间　50分钟

🔥 难易程度　低级

做法

❶ 海米冲净，浸泡在清水中20分钟，使用前沥干水分。

❷ 冬瓜去皮，去瓤，洗净，切成厚约2毫米、长约3厘米的片。

❸ 香葱去根，洗净，切碎；淀粉加入少许清水调成水淀粉。

❹ 炒锅中倒入植物油，烧至六成热时加入海米炒香，再放入冬瓜片翻炒3分钟。

❺ 随后倒入少许清水，加白糖、少许盐调味，炖至冬瓜片变透明。

❻ 加水淀粉勾薄芡，大火收汁，出锅前撒入香葱碎即可。

── 营养贴士 ──

冬瓜不含脂肪，而膳食纤维含量丰富，并有利水消肿的食疗功效，是有助减肥的优质食物。海米是补充钙元素的良好来源。

清爽解腻，双倍减脂

鲜贝冬瓜球

🕐 烹饪时间　55分钟

🔥 难易程度　中级

特色

餐桌有这道菜时可以放心大胆地吃，冬瓜与鲜贝，双重降脂，清爽解腻，对身体虚弱的人群也有很好的滋补效果。

做法

❶ 鲜贝肉洗净，加入白醋，浸泡30分钟。

❷ 冬瓜去皮，去瓤，洗净，用挖球器挖出冬瓜球；香葱去根，洗净，切碎；蒜去皮，切末；淀粉加少许清水调成水淀粉。

❸ 捞出鲜贝肉，炒锅中倒入30毫升植物油，烧至三成热时，下入鲜贝肉快炒至变色，盛出。

❹ 另起锅，倒入剩余植物油，烧至六成热时下入蒜末爆香。

❺ 再放入冬瓜球大火翻炒，加入胡椒粉、蚝油、料酒、生抽、少许盐调味，炒至冬瓜球变透明。

❻ 随后加入熟青豆翻炒2分钟，再倒少许清水焖煮5分钟。

❼ 5分钟后，倒入炒过的鲜贝肉和水淀粉炒匀，大火收汁。

❽ 待汤汁浓稠时，撒入香葱碎即可。

主料

冬瓜	800克
鲜贝肉	150克

辅料

植物油	60毫升
蒜	4瓣
胡椒粉	1克
料酒	1汤匙
生抽	1汤匙
熟青豆	15克
白醋	2汤匙
淀粉	1/2茶匙
蚝油	1汤匙
香葱	1根
盐	少许

~~~ 烹饪秘笈 ~~~

鲜贝肉快炒的时间不要太长，否则肉质容易变老。

鲜贝属海鲜，蚝油有咸味，因此要少放盐。

挖过冬瓜球后剩余的冬瓜不要扔掉，可以切成小块一起入锅。

CHAPTER 5 质洁·白色

营养贴士

鲜贝有抑制胆固醇在肝脏合成和加速排泄胆固醇的独特作用，从而使体内胆固醇下降。冬瓜钾盐含量高，钠盐含量较低，有消肿而不伤正气的功效。这道菜减脂消肿又美味。

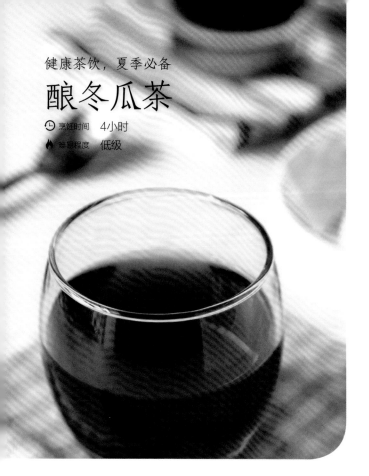

健康茶饮，夏季必备

酿冬瓜茶

🕐 烹饪时间　4小时

🔥 难易程度　低级

特色

自制一款健康茶放在冰箱里，清热去火、消除水肿，只需冬瓜和红糖熬制，全程不需要放水。这可是一款夏季必备茶饮哦。

主料

冬瓜500克

辅料

红糖100克

做法

❶ 冬瓜洗净，连皮带瓤切成小块，放入汤锅中。

❷ 将红糖放入冬瓜块中拌匀，腌制2小时，待冬瓜自然出水。

❸ 向红糖冬瓜水中加少许纯净水，大火煮开，转小火熬煮1.5小时。

——— 烹饪秘笈 ———

冬瓜茶需放入冰箱冷藏，尽快食用完。

❹ 煮至冬瓜变透明后，将冬瓜茶过滤出浓汁。

❺ 喝时取一两茶匙放入杯中，加开水或者冰水稀释即可。

营养贴士

冬瓜瓤中含有葫芦巴碱等成分，能抑制糖类转化成脂肪，起到减肥降脂的作用，这道茶不用去瓤，更适合减脂期饮用。

特色

几个咸蛋黄做成金沙粉，将茭白全方位地裹起来，成为漂亮的金裹银。但要注意远离铁锅，远离大火，否则会变成黑沙茭白哦！

主料

茭白3个｜生咸蛋黄3个

辅料

植物油3汤匙｜米酒2汤匙｜白糖1/2茶匙｜盐少许

—— 烹饪秘笈 ——

建议选用生蛋黄，熟蛋黄稍微有点腥。

要将咸蛋黄炒出气泡，这样才起沙。

炒咸蛋黄时要用中小火慢炒。

咸香四溢金裹银

金沙茭白

🕐 烹饪时间　30分钟
🔥 难易程度　低级

做法

❶ 茭白去皮，洗净，切成小块。

❷ 将茭白块放入开水中焯烫至熟，捞出过冷水，沥干水分。

❸ 炒锅中倒入植物油，烧至六成热时放入咸蛋黄，倒入米酒。

❹ 期间不断搅拌咸蛋黄至烂碎，并有气泡产生。

❺ 向锅中下入焯过水的茭白块，不停拌炒。

❻ 随后放白糖和少许盐调味，至茭白块包裹上咸蛋黄即可。

营养贴士

茭白含碳水化合物、蛋白质等营养成分，能补充人体所需的营养物质，强健身体机能。

肉鲜汁甜，创意精致
白菜烧卖

🕐 烹饪时间　50分钟

🔥 难易程度　低级

特色

白菜叶焯软，做烧卖皮刚刚好，包裹住鲜嫩的肉馅，创意精致，简单方便，蒸出来的烧卖肉鲜汁甜，味道独特。

主料

大白菜叶	250克
猪肉糜	200克

做法

❶ 将鸡蛋打入猪肉糜中，加五香粉、香油、淀粉、生抽、料酒、适量盐混合，搅拌均匀至上劲。

❷ 大白菜叶的绿色与白色部分分离，绿色叶做烧卖皮，白色菜帮切碎，放入肉馅中拌匀成馅料。

辅料

鸡蛋	1个
五香粉	2克
香油	1茶匙
淀粉	1茶匙
生抽	2汤匙
料酒	2汤匙
盐	适量
香葱	若干

❸ 绿色菜叶放入开水中，加少许盐，焯烫40秒，捞出沥干水分。

❹ 香葱去根，洗净，同放入开水中焯烫片刻捞出，沥干水分。

--- 烹饪秘笈 ---

选叶子较大的白菜，绿色叶子部分做烧卖皮。

也可以调一些可口的料汁，将白菜烧卖佐着料汁吃更有味。

馅料中可随意放多种蔬菜，增加营养。

❺ 每片焯过的白菜叶上放入适量馅料，包成烧卖的形状，在收口处绕一根香葱扎好。

❻ 将扎好的白菜烧卖放入蒸锅中，待上汽后蒸10分钟即可。

营养贴士

大白菜含有丰富的钙、锌、硒等矿物质，其膳食纤维也很丰富，常吃能起到润肠通便、促进排毒的作用。

冬日腌白菜

🕐 烹饪时间　30分钟

🔥 难易程度　低级

特色

冬季就数大白菜最经济实惠，味道鲜、营养足，做法多种多样，最简单实用的就是腌白菜，配上一碗粥，营养又开胃。

主料

大白菜	1棵

辅料

柠檬	1个
红辣椒	15根
白醋	250毫升
白糖	150克
盐	适量

做法

❶ 大白菜洗净，切小块，加入适量盐搅拌均匀，提前一晚腌制并脱水。

❷ 柠檬切开，挤出柠檬汁备用。

❸ 红辣椒去蒂，洗净，沥干水分，放入搅拌机中打成辣椒碎。

❹ 腌好的大白菜倒出水，用手稍微攥干剩余水分。

❺ 向腌过的白菜中加入柠檬汁、白醋、白糖、红辣椒碎搅拌均匀，再装入干净无油的容器中。

❻ 然后倒入没过白菜的白开水，密封后放入冰箱冷藏24小时就可以食用了。

—— 烹饪秘笈 ——

大白菜一定要脱水口感才脆嫩。

攥白菜时，不要攥得特别干，留少许水分。

要放入干净无油的容器中腌制，避免变质。

营养贴士

大白菜含水量丰富，高达95%，能为身体补充水分，冬季多吃大白菜有助于滋阴润燥、美容养颜。

绵密清甜的经典小食
鸡蛋红枣山药糕

🕐 烹饪时间　35分钟

🔥 难易程度　低级

特色

山药捣成泥，混合上枣碎、鸡蛋，蒸熟定形，入口绵密清甜，滋补养胃，用来招待客人最好不过。

主料

山药200克

辅料

红枣35克｜鸡蛋3个｜白糖少许

做法

❶ 山药洗净，去皮，切小块，放入搅拌机中打成山药泥。

❷ 红枣洗净，去核，切碎。

❸ 山药泥中打入鸡蛋，加红枣碎、少许白糖，充分拌匀成糊状。

❹ 将红枣山药鸡蛋糊倒入容器中，放入蒸锅中，上汽后蒸25分钟即可。

 烹饪秘笈

先往容器中刷一层油或铺一张烘焙纸，防止红枣山药鸡蛋糊粘在容器上。

 营养贴士

红枣含多种维生素，能促进肌肤细胞代谢，防止黑色素沉淀，美容养颜。与山药同食，可健脾养胃，补充全方面的营养。

特色

这道粥的火候是关键，熬至大米、小米黏稠，山药软糯，红枣开花，口感香甜绵软，最有助于健脾养胃，老人小孩都爱喝。

主料

铁棍山药180克

辅料

大米25克｜小米25克｜红枣8颗｜枸杞子30粒

─────── 烹饪秘笈 ───────

山药提前放入锅中熬煮，口感更软糯。

喜欢甜粥的可以加适量蜂蜜。

山药养生粥

🕐 烹饪时间　1小时

🔥 难易程度　低级

做法

❶ 山药洗净，去皮，切滚刀块，泡在清水中。

❷ 红枣洗净，去核；枸杞子洗净备用。

❸ 大米、小米分别淘净。

❹ 捞出山药块，放入砂锅中，倒入适量清水，大火煮开，转小火煮15分钟。

❺ 放入大米、小米、红枣，调中火煮20分钟，再转小火煲15分钟。

❻ 关火后撒入枸杞子，搅拌均匀即可。

─── 营养贴士 ───

铁棍山药含淀粉酶、多酚氧化酶等物质，有利于调节脾胃功能，促进营养吸收。

初春的心境

五色山药

🕐 烹饪时间　30分钟

🔥 难易程度　低级

特色

一招爆炒就可以搞定！将胡萝卜与豇豆提前焯水断生，与其他蔬菜下锅速炒，蔬菜的原香瞬间释放，互相融合，五种颜色、又鲜又脆！

做法

❶ 干木耳提前2小时浸泡在清水中，泡发后去根，洗净，择成小朵。

❷ 山药、胡萝卜洗净，去皮，切成菱形片；香葱去根，洗净，切碎。

❸ 豇豆洗净，切长约3厘米的段；红椒去蒂，去子，切丝。

❹ 将胡萝卜片和豇豆段分别放入开水中焯烫3分钟，捞出沥干水分。

❺ 炒锅中倒入植物油，烧至七成热时放入香葱碎爆香，再下入红椒丝、木耳翻炒2分钟。

❻ 随后加入山药片快炒片刻，放入胡萝卜片、豇豆段，加适量盐炒匀，关火即可。

主料

山药	180克

辅料

植物油	3汤匙
香葱	1根
干木耳	3克
红椒	半个
胡萝卜	半根
豇豆	50克
盐	适量

—— 烹饪秘笈 ——

山药的汁液黏稠，烹饪时要快速翻拌，避免煳锅。

为使山药清脆，可加少许米醋。

—— 营养贴士 ——

山药所含的黏蛋白能预防心血管系统的脂肪沉积，防止动脉硬化过早发生。山药含有的皂苷能够降低胆固醇和甘油三酯，对高血压和高血脂等病症有改善作用。

滋润甘甜的健康饮品

山药花生莲藕露

🕐 烹饪时间　30分钟

🔥 难易程度　简单

特色

若早餐非要选一款饮品，可以没有豆浆，但必须有山药花生莲藕露，入口清香，搭配中西餐均可！

主料

山药200克

辅料

莲藕60克 ｜ 花生仁60克 ｜ 蜂蜜适量

做法

❶ 花生仁洗净，浸泡在清水中1小时，剥去红衣备用。

❷ 山药、莲藕分别洗净，去皮，切小块。

❸ 将山药块、莲藕块、花生仁一同放入豆浆机中，加适量清水，启动米糊功能。

❹ 待山药莲藕花生露打好后盛入容器中，凉至40℃以下加蜂蜜即可。

烹饪秘笈

花生去红衣，打出来的花生露口感更细腻。

营养贴士

花生中的赖氨酸能增强大脑记忆力，提高智力，与山药、莲藕同食，营养非常丰富，早餐来一杯，让你充满力量。

特色

炎热的夏天让人没有食欲，油腻的、甜的都不能入眼，不如试试这道无油版拌双花。先过开水焯熟，再淋调味料汁，清新爽脆、简单快手，味道更是棒棒的！

主料

菜花220克 | 西蓝花150克

辅料

生抽3汤匙 | 蚝油1汤匙 | 米醋2汤匙
蒸鱼豉油1汤匙 | 小米椒1根 | 白糖
1/2茶匙 | 香油1/2茶匙 | 香葱1根 |
熟白芝麻1克

烹饪秘笈

焯过水的菜花、西蓝花过冷水浸泡，口感更脆，颜色更鲜艳。

营养贴士

西蓝花营养丰富，含有蛋白质、碳水化合物、维生素C、胡萝卜素及钙、磷、铁、钾、锌等矿物质，凉拌最能保持其营养。菜花富含维生素A，能增强皮肤抗损伤能力，保持皮肤弹性。

瘦身杠杠的
低热量拌双花

⏱ 烹饪时间　20分钟

🔥 难易程度　低级

做法

❶ 菜花、西蓝花分别洗净，掰成小朵，放入开水中焯熟，捞出后沥干水分备用。

❷ 小米椒洗净，去蒂，切碎；香葱洗净，去根，切碎。

❸ 生抽、蚝油、米醋、蒸鱼豉油、小米椒碎、白糖、香油、香葱碎混合，调成料汁。

❹ 焯过水的菜花和西蓝花放入容器中，淋入料汁，撒入熟白芝麻拌匀即可。

完美的邂逅

腐乳菜花

🕐 烹饪时间　35分钟

🔥 难易程度　低级

特色

吃完腐乳的汤汁千万不要丢弃，用来炒菜非常美味，尤其与清脆的菜花一起翻炒，解腻可口！

主料

散菜花	650克

辅料

植物油	3汤匙
香葱	1根
蒜	3瓣
干辣椒	2根
番茄酱	2汤匙
腐乳汁	3汤匙
盐	少许

做法

❶ 散菜花洗净，切成小朵，浸泡在淡盐水中20分钟，使用前捞出沥干水分。

❷ 香葱去根，洗净，葱白、葱绿分别切碎。

❸ 干辣椒去蒂，切末；蒜去皮，切末。

❹ 炒锅中倒入植物油，烧至六成热时放入葱白碎、蒜末、干辣椒末爆香。

❺ 再下入散菜花大火爆炒，炒至菜花发软微焦，倒入腐乳汁、番茄酱继续炒匀。

❻ 待菜汁变浓稠，撒入葱绿碎调味即可。

--- 烹饪秘笈 ---

散菜花可以提前焯水，缩短爆炒的时间，但口感没有干炒的清脆。

营养贴士

菜花富含维生素C，可增强肝脏解毒能力，并能提高机体的免疫力。菜花还含有抗氧化、防癌症的微量元素，长期食用可以降低多种癌症的发病概率。

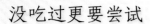

没吃过更要尝试

杏仁菜花碎比萨

🕐 烹饪时间　50分钟

🔥 难易程度　中级

特色

偌大的比萨饼能随意撒不同的蔬菜，菜花比萨你可吃过？再撒一把杏仁片，铺上满满的马苏里拉奶酪碎，切开一块，拉起长丝，想想就美味。

做法

❶ 向面粉中加入白糖、适量盐、酵母粉、黄油搅匀，揉搓成颗粒状。

❷ 将鸡蛋磕入面粉中，分多次加适量温水，边加温水边和面，揉成干湿适中的光滑面团。

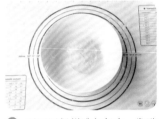
❸ 面团用保鲜膜包起来，发酵至2倍大。

❹ 菜花洗净，切碎，沥干水分，加少许盐腌制10分钟。

❺ 取一个8寸圆形烤盘，在烤盘表层刷一层橄榄油。

❻ 面团撕去保鲜膜，擀成厚约5毫米、烤盘大小的饼坯，放入烤盘内，去掉多余的部分，用手推成周边厚、中间薄的饼坯。

❼ 在饼坯上叉一些透气孔，涂抹上橄榄油，刷一层番茄酱，随后依次撒入菜花碎、杏仁片，铺满马苏里拉奶酪碎。

❽ 烤箱200℃预热3分钟，放入备好的饼坯，200℃上下火烤30分钟即可。

主料

菜花	200克
杏仁片	40克
面粉	180克

辅料

白糖	1/2茶匙
盐	适量
酵母粉	2克
黄油	60克
鸡蛋	1个
橄榄油	2茶匙
番茄酱	2汤匙
马苏里拉奶酪碎	120克

—— 烹饪秘笈 ——

菜花碎可以提前干炒一下，更容易熟透，但不要焯水，否则烤制过程中容易出水。

营养贴士

菜花含有类黄酮，能清理血管，防止胆固醇氧化，降低血液感染的概率。

一饱口福

竹笋小炒

🕐 烹饪时间　30分钟

🔥 难易程度　低级

特色

百种蔬菜论鲜美第一个想到笋，可以用四个字来概括这道菜：鲜、香、脆、嫩。这款超级下饭的小炒，让你一饱口福！

主料

竹笋300克

辅料

植物油2汤匙｜腊肉100克｜香葱1根｜胡萝卜半根｜熟青豆25克｜生抽2茶匙｜盐少许

做法

❶ 竹笋洗净，切丁；腊肉洗净，切丁。

❷ 香葱洗净，切碎；胡萝卜洗净，去皮，切丁。

❸ 竹笋丁、胡萝卜丁分别放入开水中煮熟，捞出过冷水，沥干水分。

❹ 炒锅中倒入植物油，烧至六成热时放入腊肉丁煸炒出油，再撒入香葱碎。

❺ 随后下入竹笋丁、胡萝卜丁、熟青豆翻炒2分钟，倒入生抽，加少许盐调味，炒匀即可。

—— 烹饪秘笈 ——

不要放过多调味品，吃的就是竹笋的鲜美脆嫩。

营养贴士

竹笋富含膳食纤维及含氮物质，能开胃促消化，减少人体对脂肪的吸收，是减肥的好食物。

特色

莲子清润洁白，竹荪滋味鲜美，食材越简单味道越纯正，要的就是这原汁原味，喝汤本应如此。

主料

干竹荪12根｜干莲子25克

辅料

红枣6颗｜枸杞子10粒｜冰糖30克

—— 烹饪秘笈 ——

竹荪一定要清理干净有怪味的部分和杂质，否则影响口感。

喝汤是认真的

竹荪莲子甜汤

🕐 烹饪时间　1小时15分钟

🔥 难易程度　低级

做法

❶ 干莲子提前一晚浸泡，去掉莲子心备用。

❷ 干竹荪浸泡在清水中10分钟泡发。

❸ 泡好后去掉菌盖头和根部，洗净，切成长约3厘米的段。

❹ 红枣洗净，去核；枸杞子洗净。

❺ 砂锅中放入莲子、红枣、枸杞子，加入适量清水，大火煮开，转小火煮40分钟。

❻ 放入竹荪段、冰糖，小火继续煮15分钟即可。

营养贴士

莲子中的钙、磷、钾丰富，有助于宁心安神、助睡眠。竹荪富含多种氨基酸、维生素、矿物质等，具有滋补强壮、益气补脑、宁神健体的功效。

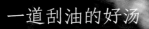

一道刮油的好汤

竹荪冬笋汤

🕐 烹饪时间　1小时40分钟

🔥 难易程度　低级

特色

在冬季进补过后，特别适合煲一道这样的汤，不仅滋味浓郁、清香鲜美，还能帮你"刮油"。

做法

❶ 干竹荪放在淡盐水中浸泡10分钟。

❷ 泡好的竹荪去掉菌盖头和根部，洗净，切成长约3厘米的段。

❸ 猪排骨洗净，剁小块，放入开水中余烫2分钟，捞出冲净，沥干水分。

❹ 冬笋去皮，洗净，切成厚约2毫米、长约3厘米的片。

❺ 姜洗净，去皮，切片；枸杞子洗净。

❻ 汤锅中放入猪排骨、姜片、冬笋片，加适量清水，大火煮开后转小火煲40分钟。

❼ 再加入竹荪、枸杞子，小火煮15分钟。

❽ 出锅前加适量盐调味即可。

主料

干竹荪	12根
冬笋	200克
猪排骨	200克

辅料

枸杞子	10粒
姜	3克
盐	适量

~~~ 烹饪秘笈 ~~~

冬笋要煲煮得时间久一点，否则会有一种涩味，或者提前焯熟。

营养贴士

冬笋是一种高蛋白、低淀粉食物。它所含的多糖物质还具有一定的抗癌作用。竹荪能够减少腹壁脂肪的积存，有俗称"刮油"的作用，从而产生降血脂和减肥的效果。

吃出健康系列

[懒人下厨房系列]

[家常美食系列]

图书在版编目（CIP）数据

萨巴厨房. 多吃蔬菜身体好 / 萨巴蒂娜主编 . — 北京：中国轻工业出版社，2018.12

ISBN 978-7-5184-2118-3

Ⅰ . ①萨… Ⅱ . ①萨… Ⅲ . ①菜谱 Ⅳ . ① TS972.12

中国版本图书馆 CIP 数据核字（2018）第 218657 号

责任编辑：高惠京　　责任终审：劳国强　　整体设计：锋尚设计
策划编辑：龙志丹　　责任校对：李　靖　　责任监印：张京华

出版发行：中国轻工业出版社（北京东长安街6号，邮编：100740）
印　　刷：北京博海升彩色印刷有限公司
经　　销：各地新华书店
版　　次：2018年12月第1版第1次印刷
开　　本：720×1000　1/16　印张：12
字　　数：200千字
书　　号：ISBN 978-7-5184-2118-3　定价：49.80元
邮购电话：010-65241695
发行电话：010-85119835　传真：85113293
网　　址：http://www.chlip.com.cn
Email：club@chlip.com.cn
如发现图书残缺请与我社邮购联系调换
180380S1X101ZBW